Designer's Diary

设计师的 设计日记（第2版）

南征 编著

电子工业出版社

Publishing House of Electronics Industry

北京·BEIJING

Preface

序言

书籍的发展走过了漫长的历史，就装帧来说，从中国的线装本演变成西方的精装本，就经过了上百年的时间。中国的传统文化可以把万卷书浓缩为很精简的文字，因此线装本容纳了海量的信息，而精装本承载的信息量就相对较少。但与中国传统的线装本相比，精装本在包装和结构上更加精美；书体较薄，携带更加便捷；较大的字体，也使阅读变得非常轻松。

随着现代科技的发展，电子媒体的崛起不停地冲击着纸媒市场。在激烈的社会竞争中，人们也承受着前所未有的压力，阅读纸媒的时间越来越少。但从古至今，纸媒始终是我们生活中不可或缺的部分。

真正的阅读不应该只是简单地面对荧光幕去获得枯燥的知识，它应该能够陶冶人们的情操，让人们的内心世界得到升华和释放，这才是阅读的意义，同时也是纸媒的优势。因此，我坚持要用书籍的形式来传递我的设计理念，让更多的人学会并了解设计。

但如何让书更有趣、更好看、更直观、更容易让大家接受，这些问题一直困扰着我。公司新来的设计师小A启发了我。

某天，小A过来向我请教："南老师，什么才是一个网格？我对每个画面的节奏把握得不是很好，你有什么办法可以帮我改进一下吗？"

为了对小A进行一个系统的辅导，也为了将自己多年的设计心得与大家分享，我萌生了写设计日记的想法，这就是写作本书的缘起。

在书中，我以日记的形式，对设计进行了一个由浅入深、理论加实战案例分析的解说和展示。通过一些设计案例的对比，告诉大家怎样得到更美的画面和更好的效果。

我假设了一个七天的时间周期，在这个周期里，通过不同的手法，从传统的设计理念出发，结合我本人所经历的一些设计案例，来和大家共同分享一些设计理念。期待着你会和我一起爱上设计，有更好的作品，这才是这本书最大的价值。

前言

版式设计是现代设计的根基，自从人类发明文字开始，便从未脱离过对版式设计的需求，它也伴随着平面类设计师的整个职业生涯。正值老友南征的此书升级再版，很荣幸受编辑邀请，略写几句，一是纪念老友，二是祝贺再版。南征与我同是比较早的一批站酷推荐设计师，也是最早一批以个人IP开设设计课程的明星级讲师，虽然我们各自侧重点不同，但很多观念都高度契合。而我在长期工作中对版式设计、网格系统也颇有研究，也看过国内外很多版式类的书籍，但放眼望去，国内版式书籍中，能够系统地从基础理论、底层逻辑讲好讲透，同时又能结合实践匹配市场需求的，为数不多，而南征的这本书，无疑是这其中的佼佼者。此书丰富但不繁杂，全面但不冗余，是南征长期工作、教学中的总结与归纳，是经过市场检验之后的沉淀，是学习版式设计不可多得的优质资料。经典不衰，历久弥新，此次升级再版，既是市场对本书内容的认可，也是对南征数千名学员、十几万粉丝、上千万作品阅读者的一份慰藉，更是留给社会的一笔宝贵知识财富。

——知名设计师　周大杰

时间，是我们最熟悉的体验。时间，也是这本畅销书的线索。

不知不觉，多年过去了，面对南征著作的再版，心里五味杂陈。很荣幸可以为这本经典畅销书的再版写点什么。让人欣慰的是，这本书中的方法和实践在今天也仍然具备良好的指导作用。好的知识和设计师一样，不会随着时间褪色。希望拿到这本书的你，可以从这次再版中体会到南征作为一位优秀设计师的诚意。

——站酷总编　纪晓亮

Contents/目录

1

Monday / 32 ~ 36°C / Clear

The First Day

Designers said "we need gridding"; there came traditional gridding. Designers made arrangement on pages and led the appearance of traditional layout.

Gridding helps designers visualize the design in their mind and form their own styles. There is always an invisible grid behind a successful design.

All things have their own origins and so does gridding. Let us begin learning gridding from studying its basic theories and original rudiment.

2011年6月20日
星期一 晴

设计师说:"要有网格!"便有了传统网格。设计师将页面分开,便有了传统的版面节奏。

说起设计，首先要提到网格，说到网格，很多朋友就要头疼。其实网格并不是什么神秘抽象的东西。举个很简单的例子，我们小时候刚开始学写字时，都会用到田字格，每一个笔画写在田字格的什么位置都要非常准确，如果放错了位置，就成了错字。在不写错字的基础上，我们再把笔画之间的比例调整一下，就有了不同的字体，同时也决定了每个人的笔迹。虽然我们现在写字已经不用田字格了，但实际上，在写的过程中，我们已经不由自主地在纸上画了一个隐形的田字格，字还是在格子里的。
网格的作用首先就是帮助我们准确地将脑海中的设计呈现出来，并形成自己的风格。每一个成功的作品背后都有一套隐形的网格。
所有的事物都有它的初始，网格也一样，有很多基础理论和原始雏形，我们的课程就从这里开始。

Book Design
and Types

书籍设计类型

书籍设计类型包括一般图书设计、画册设计、期刊设计等。一般图书的设计比较简单，在此就不赘述了，我们重点来讲讲画册设计和期刊设计。

画册设计

画册是一个很好的宣传窗口，展示的可以是企业，也可以是个人，是企业和销售商与消费者之间的媒介和桥梁。它以一个完整的宣传形式，针对销售季节或流行期，针对有关企业和人员，针对展销会、洽谈会，针对购买货物的消费者进行邮寄、分发、赠送，以扩大企业、商品的知名度，推售产品和加强购买者对商品的了解，达到强化广告的效用。

画册的设计应该从企业自身的性质、文化、理念、地域等方面出发，依据市场推广策略，合理安排印刷品画面的三大构成关系和画面元素的视觉关系，从而达到广而告之的目的。

一本成功的画册不仅需要视觉上的美感和优美的文字，还需要别出心裁的创意，这样才可以提升公司形象，提高产品销售。我们注重创意、设计、印刷的每个环节，力求完美。

期刊设计

期刊在人们的视觉文化中扮演着重要的角色，同时也是平面媒体的重要成员。毫无疑问，它也是编辑和设计师共同创作的图文结合体。一个好的期刊设计师，应该深谙新闻学和品牌定位，懂得图片设计的重要性，在这个宽泛的范围里再考虑明确的设计因素：版面大小、网格、字体和细节。这样才能准确地体现杂志、期刊的定位，达到一定的视觉冲击力。

期刊的设计要把握以下几点：

1．要体现期刊自身风格，在连续性、变化中体现整体统一。在没有考虑成熟、缺乏充分的市场调查、刊物定位没有重大改变的情况下，最好不要较大程度地改变封面设计风格，让刊物以完全陌生的面孔出现在读者面前，以免对刊物的发行造成很大的不良影响。

2．要整体协调，有层次感，简约大气。标识、刊名、期号、条形码等元素与主图片构成完美和谐的画面，不要太繁杂、花哨，一定要做到有明晰的视觉重点和层次感。

Causes

Lead to the Appearance of
Grids in Page Layout

版面中网格出现的原因

3．要突出标识、刊名，便于读者识别，强化读者对本刊特有的艺术符号的记忆，为品牌建设打好基础。

4．所有设计必须契合本期内容。图片、字体的选择，字号的大小，色彩的运用，都要和内容相符，为内容服务。也就是说，设计决不能离开内容独立存在。

5．要有切合内容的创意。风格创意也好，设计元素创意也罢，每一本期刊的创意设计都是内容的外观展现，是张力的延续，是设计师艺术创意的结晶。如果它不能很好地展现出内容的精华，再华丽的创意也是一部失败的作品。

俗话说，没有规矩，不成方圆。设计也需要依附一定的规则，在这个规则框定的范围内，才是你任意挥洒才能的天地。这些规则就是网格系统。它帮助我们更完善地理解设计，进行设计。

现在，回到序言中小A的问题："什么才是一个网格？"网格是设计的辅助工具，用竖直和水平的分割线对版面进行划分，形成一个基本的骨架。网格线在版面中是隐藏的参考线，并非实体元素。

网格是设计得以成立的基础，设计师在这个骨架里填入丰富的设计元素，给设计带来秩序感和结构感，最终成为一件有血有肉的作品。

Design basis

9:00 time

初识设计基础

从历史文献中学习网格的过去与演变过程

同学们，现在请翻开设计学的历史书，让我们一起来了解一下网格的演变过程吧。

正方形与黄金分割矩形的恒定比例

艺术与数学是有很大联系的，比如黄金分割。有句话这样说：如果单纯按照黄金分割法则去设计不一定是好的，但好的、优美的设计一定是符合黄金分割法则的。

"黄金分割"又称黄金律，是一种由古希腊人发明的几何学公式。它验证了事物各部分间有着一定的数学比例关系，即将整体一分为二，较大部分与较小部分之比等于整体与较大部分之比，其比值为 1∶0.618或1.618∶1，即长段为全段的0.618。符合这个比例的构图形式被认为是最"和谐"的，因此，0.618成了最具有审美意义的比例数字。

"黄金分割"公式可以从一个正方形来推导，将正方形底边二等分，取中点X，以X为圆心，线段XY为半径作圆，其与底边直线的交点为Z点，这样将正方形延伸为一个比率为5∶8的矩形（Y点即为"黄金分割点"）。

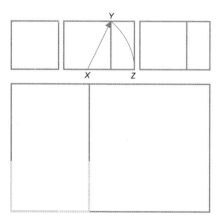

10:10time

Fibonacci
Sequence

斐氏数列及其衍生体系

斐氏数列（Fibonacci Sequence），又称黄金分割数列，是由意大利数学家列奥纳多·斐波那契（Leonardo Fibonacci，1170—1240）发明的，被应用于现代物理、准晶体结构、化学等领域。
这是个很有趣的数列：1、1、2、3、5、8、13、21……从第三项开始，每一项都等于前两项之和。将

数列中两个连续的数字相加，便能不断做出黄金分割。在数学上，斐氏数列可以用递归的方法来定义：$F0=0$，$F1=1$，$Fn=F(n-1)+F(n-2)$（$n \geqslant 2$，$n \in N^*$）

3,4,7,11,18,29,47,123,199,322,521,843

1,1,2,3,5,8,13,21,34,55,89,144

3,6,9,15,24,39,63,102,165,267,432,699

3,7,10,17,27,44,71,115,186,301,487,788

3,8,11,19,30,49,79,128,207,335,452,877

3,9,12,21,33,54,87,141,228,369,597,966

4,5,9,14,23,37,60,97,157,254,411,665

11:05time

Robert
Bringhurst

布令贺斯特氏的半音阶体系

罗伯特·布令贺斯特（Robert Bringhurst）
在其著作《版面风格面面观》中提出了一个理论，将设计学和音乐艺术有机地结合在一起：将页面形状比拟为西方乐理中的半音阶，页面比例与半音阶一样都取决于数值间隔，被称为布令贺斯特氏的半音阶体系。

12:30time

Le Corbusier
自黄金分割衍生的科比意模矩体系

科比意模矩体系是法国建筑家科比意（Le Corbusier，1887—1965）将人体比例进一步细分之后发展出的一套现代版的黄金分割。他将其命名为"模矩"，并依据此法则设计了自己的著作《模矩》及《模矩2》。科比意认为此法则是印刷品、建筑、家具形制规划都可运用的设计工具。

10:45time

13:45time

Villard de
Honnecourt

维拉尔·德·奥涅库尔氏的页面规划法

几何网格

15、16世纪时，欧洲还没有统一的度量衡，量尺也尚未发展成熟，铸造铅字、字级大小都是由个别的印刷坊自行决定的。许多早期印本书在规划网格架构时，也并不参照实际的度量单位，而是遵循几何原则。

维拉尔·德·奥涅库尔氏的页面规划法

古代建筑师维拉尔·德·奥涅库尔（Villard de Honnecourt,1225—1250）自创了一种依据几何原则划分空间的方法。它可以将任何一款页面版式进行进一步细分。将此种方法运用到黄金分割比例的版式上，可将页面的高与宽各自划分为9等份，进而将页面划分为81个与原版式、行文区块形状相同的小单位。留白的大小则取决于小单位的宽度与高度。这种九九分页法也同样适用于横展板版式。

13:45time

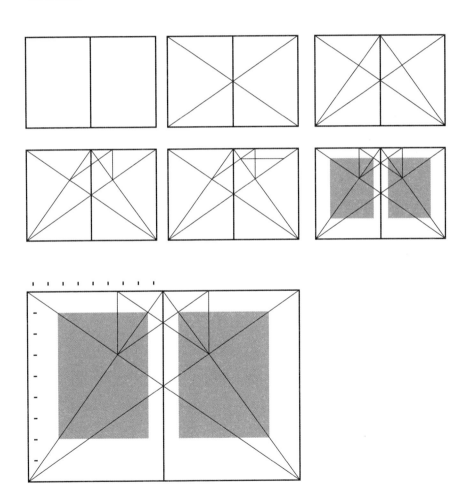

14:20time

Paul
Renner

保罗·雷内氏的单元划分法

保罗·雷内（Paul Renner, 1878—1956）在其著作《版式设计艺术》中，提出了一种矩形版式划分法，这种划分法除了能将页面切割为与原始版式相同的小单位，还能设定文字框的位置和留白的宽度。方法是：将页面高度与横幅以相同数量等分切割，依据页高与页宽上的16、17、18……等分，安排文字框的位置，确定留白的宽度。

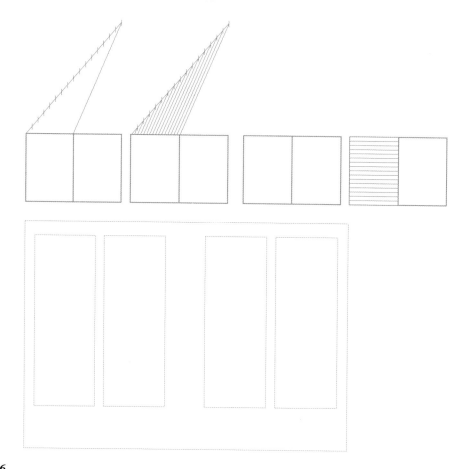

15:40time

Planning
grid

依据度量单位规划网格

17、18世纪间，由于铸造活字的级数测定单位已进
入标准化，则发展出以下几种网格建构法。

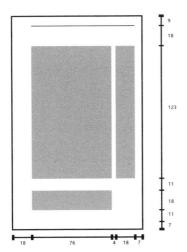

2

Tuesday / 31 ~ 36°C / Breeze

The Second Day

Designers said: "To frame the grids more freely." Then there came designers who broke the limits of traditional grids and led the revolution of modern grids.

In the 17th and 18th century, as the measurement unit of the size of cast metal moveable type became standardized, the proportion size/module size gridding method was developed. Grids constructed in this way are more flexible in meeting the needs of the content without overriding it.

In the 20th century, under the influence of Modernist thinking, the Modernist Grid system was invented.

2011年6月21日
星期二 晴转多云

设计师说:"网格的架构要更自由!"设计便打破网格局限,便有了现代网格。

我们的设计无法脱离网格构建，但方方正正的网格毕竟存在很多的局限性。运用不好就会成为它的臣子，无法将自己的创意发挥出来，又或者是太依赖于网格，使它凌驾于内容之上，变成内容迁就于网格，而不是网格服务于内容。

依旧用写字来举例，书法家开始练书法用的是米字格，比田字格要更精细一些，感觉局限性更大。一个很漂亮的字，起笔在哪儿，收笔在哪儿，走笔的过程都很重要，看起来龙飞凤舞，但你仔细研究它的结构和比例就会发现，它还是在米字格里的。只不过书法家们懂得如何更好地用米字格来支撑一个字的筋骨，而不是用它来禁锢这个字。关键就在于打破局限性。

Evolution
of Design Basis
9:00 time
设计基础的演变

17、18世纪，随着铸造活字的级数测定单位进入标准化阶段，发展出了比例级数/模矩级数网格建构法。运用这种方法建构的网格可以比较灵活地满足内容需求，又不至于凌驾于内容之上。20世纪，受现代派思维的影响，产生了现代派网格。

现代派网格的产生方式

现代派网格的产生，是基于历史文献的传承记载和设计先驱们的知识积累，然后根据设计内容的需要不断演化而来的。

随着时代和科技的发展，到20世纪初期，许多艺术家、设计师都认为传统的网格体系和编排手法已经不能满足现代信息传递的需要了，杨·奇科尔德、穆勒·布鲁克曼等人开始提出一些前卫、理性、新奇的现代派设计理念和技法，于是就有了现代派网格。

传统网格和现代网格的对比

传统网格和现代网格的区别是非常大的，传统网格因为受当时社会、文化的影响，构成比例和视觉效果远远不如现代网格精确，适用范围也相对较窄。如前面提到的斐氏体系、布令贺斯特氏半音阶体系等，是因为当时科学技术不够发达，度量衡没有统一，人们只能用一些投影法、分割法才能完成画面的分割。这几种网格体系与后期单纯通过数学方法来完成网格规划是有很大差距的。

传统网格要求页面区块必须划分规整，符合网格系统要求，这给设计者的工作带来很大的局限性，而现代网格则提供了一定的自由度。比如图片，传统网格要求图片的高度和宽度都必须符合网格系统，而在现代网格设计中，对图片的高度和宽度只要求两者之一符合就可以了，是允许有可变化区域的。

现代网格最大的优点是，对页面的规划和分割更为细致，可以适应更多的内容和设计。

在网格的历史演变中，是坚持传统网格的方正、规范，还是崇尚现代派网格的自由、细致？答案并非非此即彼，而是始终互见消长的。

历代设计者都在不断为前代的设计手法注入新的见解，正因如此，网格系统才能不断发展，变得越来越方便和实用。

9:10time

Construction Method of
a Modernist Grid

现代派网格方式搭建论述

构建一个现代派网格，大致需要六个步骤：

首先，选定版式（横展型或者直立型）开本大小；

第二，确定行文区块，并大致划定留白宽度；

第三，根据内容确定栏位数，并依据栏位数初步确定版心位置和栏间距；

第四，大致划分出均等的网格区，注意留出间隔；

第五，确定字体级数和行距大小，并据此修正之前大致设定的网格；

第六，将水平的基线网格与垂直的栏位叠加在一起。

这样，一个基本网格就大致建成了。基本网格大致建成后，设计师还需要考量整体主文以外的其他文字元素，包括标题、图注、页码、脚注、标示、注解等。

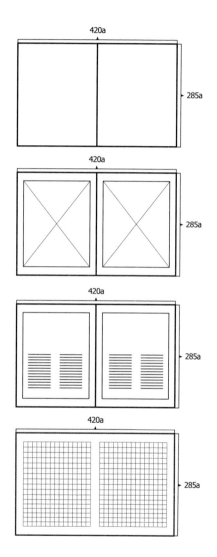

11:40time

Valuation of a Modernist Grid
and its Limitations
现代网格的评价/局限性

现代派网格适用范围较广，但也有局限性。某些图片原本的格式可能并不适合套用网格构架，这就需要设计师对图片进行修正。另外，摄影与绘画作品本身有各种各样的规格，可能要经过裁切才能符合现代派网格。但这种裁切往往会破坏作品本来的美感，而且纯粹是为了符合网格，而非基于设计师的个人审美。这就是现代网格的局限性。

在国外，许多专业设计师不赞成仅仅为了配合僵硬的网格而裁切他们的设计作品，但这种情况在国内比较少见。在设计有些书画作品时可能会遇到需要裁切的情况，但作品的内容又是无法裁切的，比如《法门寺佛文化艺术展画册》中的佛像作品，是具有宗教性质的，所以是不适合裁切的。

所以，是否一定要套用网格构架，也是根据作品内容灵活操控的，不能硬搬理论。

13:05time

Multiple Adaptability
of Free Gridding

自由网格的多重适应性

自由网格又称演化网格、机动网格，它是在现代网格的基础上产生的，打破了现代网格的一些局限性，补充了现代网格所缺失的一些东西。

网格的建构方法很多，其中大部分网格都是以一种稳定、隐秘的方式呈现的。而自由网格则是随着页码随时变动的，连带内容元素也随之变化。比如右页的案例：通过曲线与页码的变化不断移动位置，直到最后一页，每页再配合一些文字形成不同的版式。变化的网格，这时候就相对比较灵活。从整个画面来说，曲线构成一定是中心，它所占的一块网格，是整个网格结构中比例最大的一块，在移动的也是它。

简单的自由网格可能只有标题、页码在逐渐移动，复杂的自由网格则可能牵动画面上的所有元素，就好像动画，每个画面的影像乍看似乎都一样，一旦动起来，图像位置的细微变化就形成了连贯的动作。这种网格虽然从头到尾版面上的元素都是相同的，但是每个版面又都自成一格。

比如做一个音乐厅或音乐家的宣传品，我们要呈现的不仅仅是文字画面信息，而是一种可以看到的视觉手法，流动的，在空气中广泛传播的，让受众通过视觉就能感受到音乐的美感、音响效果，以及音乐家演奏时的心境。

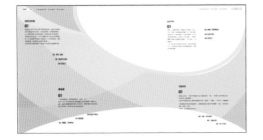

Page01

Page04

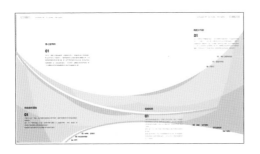

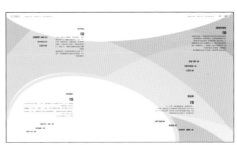

Page02

Page05

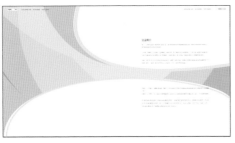

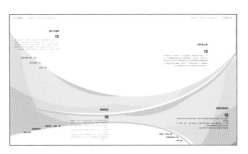

Page03

Page06

15:20time

Brief Summary
小结

在设计中，究竟采取哪种网格系统更合适？我们的建议是没有必要非要套用某种网格体系。虽然我在整本书里一直提到现代派网格，但实际运用时，我把现代派网格与自由网格结合在了一起。整体使用了现代网格的严密方式，又根据内容的需要选择了合适的具体网格体系，必要时还会采用弹性较大、限制较松的网格体系。

现代社会变化很快，我们应该采取现代派网格与自由网格二者结合的方式，利用它们的优点，使画面更加规整，同时还要打破、突破它们的限制性，在网格基础上进行细微的调整。

网格概念
网格发展过程

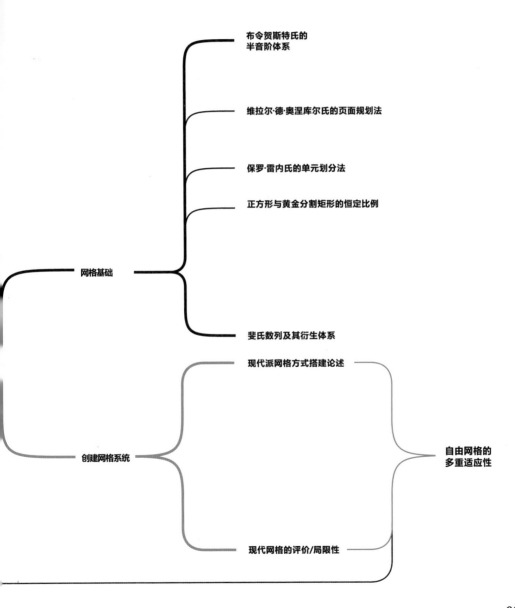

网格基础
- 布令贺斯特氏的半音阶体系
- 维拉尔·德·奥涅库尔氏的页面规划法
- 保罗·雷内氏的单元划分法
- 正方形与黄金分割矩形的恒定比例
- 斐氏数列及其衍生体系

创建网格系统
- 现代派网格方式搭建论述
- 现代网格的评价/局限性
- 自由网格的多重适应性

3

Wednesday / 30 ~ 35°C / Thunderstorms/Partly Cloudy
The Third Day

Designers said: "Gather all the details together." Then design basics were demonstrated.

Monday	Tuesday	**Wednesday**	Thursday	Friday	Saturday	Sunday
星期一	星期二	**星期三**	星期四	星期五	星期六	星期日

2011年6月22日
星期三 雷阵雨转阴天

设计师说:"细节要聚集在一起!"设计基础便展现出来。

设计师的工作不是随便把图片和文字摆一摆这么简单,就像画家在画画时,不是简单地用颜料把画布涂满一样,他必须用色彩、线条、图形……这些元素表达出不同的层次感和生命力。中国的水墨画色彩很单一,如果只是为了把画面填满,那直接把墨汁泼上去就好了,但艺术家们却用最单调的色彩创造了无穷无尽的、栩栩如生的画面。

其实每位设计师在创作时,拥有的设计元素可能是很有限的,无非就是一些图形、图片和文字,那么这时,一些更为具体化、细节化的东西就尤为重要,选用什么字体,决定字间距、行间距……这些看似烦琐的工作都有很大的学问。你要做的就是遵循设计的基本原则,然后用这些设计元素的不同组合方式打破网格的局限性。
记住,永远不要依赖计算机的默认字体、默认行间距什么的,那是摧毁你的设计的凶手。还有最重要的一点,一切设计都不能随心所欲,都要服从于内容,脱离了内容,你的设计一文不值。

Basic Principles
of Editorial Design

9:00 time

编辑设计的基本原则

编辑设计这个词为什么之前没有出现过？

因为语言翻译时，编辑设计和版式设计使用的是同一个词。版式设计是版面的设计，编辑设计是将版面内所有的信息进行编撰，对设计元素进行提炼、归纳、总结，放在它合适出现的位置。但什么是合适出现的位置？这就要由画册设计师来决定了，最终目的一定要让读者更舒服、更方便去阅读里面的内容。

在设计中，如果设计者不遵循设计原则，也不考虑受众等其他因素，随心所欲地发挥，那么最后的设计很可能达不到理想效果。相反，如果设计的时候能够综合考虑各方面的因素并选择恰当的方法，作品就会更加"和谐"和出色。

那么设计者在设计过程中要遵循哪些基本原则呢？

为设计对象建立一个合适的网格

网格不是一个固定的模式，必须根据不同的方式方法进行改变，要符合设计的基础架构。

排版网格是由一些垂直线和水平线构成的结构，可以用来帮助内容结构化，让设计对象产生秩序感。有些人说网格太过于呆板，影响设计创意，我个人觉得可以把网格当作一个整体的大框架，或者作为设计师组织文字、图片的一个支架，相当于设计的基础。没有好的基础又怎么能有出色的设计呢？所以网格不仅不影响创意的发挥，而且能使设计师的思路得到理性梳理。

网格的使用，能较好地解决设计师关于页面中各元素定位的问题，在这个基础上可以对版式进行科学的、精准的规划。同时使用网格还能令设计变得高效。在把草图转化为设计稿的过程中，在版式方面主要的难点是如何精确地安排各个元素，这时候如果能够选择合适的网格进行设计，那么这个起点的意义是非常大的。

在把草图转化为设计稿的过程中，在版式方面主要的难点是如何精确地安排各个元素，这时候如果能够选择合适的网格进行设计，那么这个起点的意义是非常大的。

把握节奏韵律

版式的节奏感及韵律，来源于排版设计中的疏密的间隔安排，它就好比音乐作品里的节拍，也是组织内容的一个重要单元。设计者要注意通过疏密的控制使对象形成画面节奏的和谐感受，建立一种视觉和谐的美感。

体现层级

实际上，任何一个版面或界面都存在着不同的层级关系，并且版面内容的层级具有主次之分。设计师在进行设计的时候，应该把这种客观存在的层级关系用编排的手段还原出来。做好版面层级区分的核心作用是，能够提升文本、图片等元素的视觉线索，从而获得更好的界面清晰度，简单地说就是使内容更容易阅读了。在设计中，可以通过字体大小对比、文字效果、色块等方法来处理分级效果。比如哪些字应该大一些，哪些字应该小一些；哪些色块要重一些，哪些浅一些；等等。

10:05time

Column
Methods and Functions
分栏的方法和作用

客户提供的资料一般分为图片和文字两部分，图片由摄像师来控制，文字由文案来控制，但是文案的呈现方式和在语言上的引导方式是由设计师来控制的，比如一个页面中有500个字，我们是让读者像憋着一口气游泳一样，长篇累牍，还是让读者轻松愉快地阅读、理解里面的每一个内容？

我相信大家都会选择后者。那怎么达到这样一个效果呢？这就要用到分栏的方式了。

分栏是期刊版式中最具视觉冲击的板块结构之一，是版式设计中的重要内容。什么是分栏？就是在一个页面上，分几个栏位来叙述文字，可以是通栏，也可以是双栏或多栏。

80mm

80～102mm之内的文字，人们在阅读的时候相对会比较轻松，超过102mm，人们阅读起来就会比较困难。设计师是在帮助别人获取知识，所以要考虑受众的文化层次和消化能力。我们需要通过一些设计手法，去消除或者减少受众阅读的困难，分栏就是为了这个目的产生的。

102mm

分栏的产生是基于一个规则：80～102mm之内的文字，人们在阅读的时候相对会比较轻松，超过102mm，人们阅读起来就会比较困难。
设计师是在帮助别人获取知识，所以要考虑受众的知识结构和消化能力。所以我们需要通过一些设计手法，去消除或者减少受众阅读的困难，分栏即基于这个特点产生。

133mm

分栏的产生是基于一个规则：80～102mm之内的文字，人们在阅读的时候相对会比较轻松，超过102mm，人们阅读起来就会比较困难。
设计师是在帮助别人获取知识，所以要考虑受众的知识结构和消化能力。所以我们需要通过一些设计手法，去消除或者减少受众阅读的困难，分栏即基于这个特点产生。

分栏的作用

分栏，一是为方便阅读；二是使视觉感受更舒适；三是通过设计的方式，体现文字的节奏感；四是确定每页的行数、字数。分栏使版面更具比例性、秩序性、清晰性、准确性、严密性。

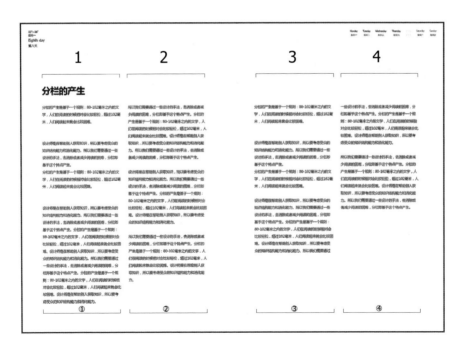

11:15time

Column
Style

分栏的方式

不同的情况下采用不同的分栏方式，主要有两种方式：一种是按照自然段来分，就像小学划分段落大意，将大意相同的自然段划分为一栏，形成一个大段落，或者是直接一个自然段一栏，视觉上错落有致。但后者只适合自然段较少的文章；另一种是把整个文字内容平分为几等份，一份为一栏，整体看起来非常规整。

不同类型的读物要选择不同的分栏方式，这样才能做到表达准确。1~2栏多数情况下更加正式，具有一定的严肃性。比如企业画册，一般多采用一栏到两栏，这是因为企业画册的内容相对平铺直叙，以介绍企业状况为主，这时候，栏与栏之间没有过多的复杂关系才能保证阅读的通畅。

3~5栏多用于杂志或灵活性读物，栏数越多，版面的灵活性也越大，而且，每栏都可以呈现不同的内容。这种方式一般出现在自由网格或者杂志中，用来表现更活跃的内容。

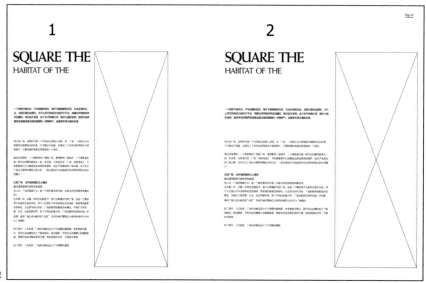

1 2 3   4 5 6

SQUARE THE HABITAT

SQUARE THE HABITAT

SQUARE THE HABITAT

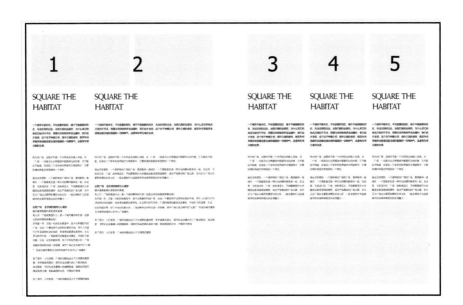

1 2   3 4 5

SQUARE THE HABITAT

SQUARE THE HABITAT

SQUARE THE HABITAT

SQUARE THE HABITAT

SQUARE THE HABITAT

12:40time

Adjust Column Height According to
the Materials and Text **Content**
不同内容产生栏高的依据

栏高是可以控制的，但是在一些设计类的书里我们
经常会发现，整个页面的文字非常少，可能只是集
中在某一部分，那这个栏高怎么确定？

说到栏高，必然会提到栏宽。栏高的改变会直接影
响到栏宽。要控制栏高，就要考虑到周边的设计元
素，这就牵扯到使用几栏的问题。如果使用两栏，
栏高就根据图片来确定，确定了栏高，栏宽自然也
就确定了。

栏高可以在设计过程中出现不同的变化。比如右
图，栏高不同，代表演奏时乐曲节奏的起落。

这时候栏高是作为一种设计手段出现的，为的是一
种艺术的表达。在日常设计中，这种设计相对比较
少见，此处是个特例。

13:50time

Digitized Expression of
Text and Line Spacing
内文与行间距的数据化体现

行间距指行与行之间的距离。我们在考虑了栏高、栏宽之后，就要具体考虑文字内容的行间距。当然我们也可以采用系统默认的行间距，但这样表达出的内容往往缺乏灵魂。

在文件操作中，会牵涉到数据的设定，比如100 ~ 200个单位之间，或100 ~ 500个单位之间，都可以设定。行间距越大，关系越疏远，通过这种疏远的关系可以在一定意义上分隔意义不同的文字。这就是数据化的一个体现。

相对来说，行间距越小，关系越紧密。如果一篇文章有三段文字：第一段文字是叙述性文字，行间距是常规的，即140 ~ 180之间，阅读起来比较清晰流畅。第二段文字是提示性文字，行间距是120，异常紧凑，说明在讲另一件事情，这即是通过行间距来区别文字叙述。第三段文字，是设计感稍强、内容上偏装饰性的文字，它更多追求的不是可读性，而是可看性，变为图案。所说的段与段，它可能不全是中国文字，而是掺杂了英文、日文等国际文字甚至是一些符号。所以通过行间距的数据化，可以区别文字间的关系。

相对来说，行间距越小，关系越紧密。如果一篇文章有三段文字：第一段文字是叙述性文字，行间距是常规的，即140~180之间，阅读起来比较清晰流畅。

第二段文字是提示性文字，行间距是120，异常紧凑，说明在讲另一件事情，这即是通过行间距来区别文字叙述。

3 Third section

But watch
into a pattern.

第三段文字，是设计感稍强、内容上偏装饰性的文字，它更多追求的不是可读性，而是可看性，变为图案。

14:15time

Digitized Expression of Line Spacing
& Column Spacing
行间距、栏间距的数据化体现

在一段文字里面，我们需要控制行与行之间的距离，还要控制栏与栏之间的距离。我们可以通过版面去适应和设定栏间距。栏间距有一定的范围，我们可以通过实际需要和自身的习惯、经验来选择合适的单位。如果版面很小，栏间距当然是越小越好，这并不影响它的间隔作用。

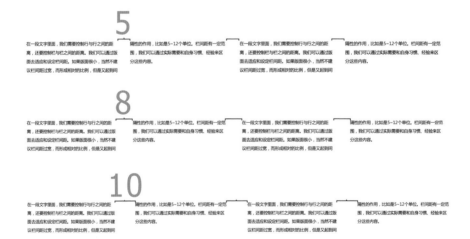

三栏为基础栏的范例,在此基础之上可以对其中两栏进行合并。

三栏为基础栏的范例,在此基础之上可以对其中两栏进行合并,基础栏和合并出的栏位可以同时出现。

深度探源

15:10time

Spacing
间距的认识

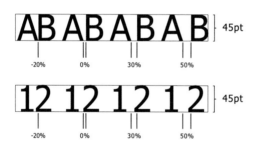

内文的间距可以直观用百分比模式来展示数据，利用数据的正负来调整距离，每一次细微的调整都会影响到整体字符之间的关系。

15:30time

Caption
标题文字间距要求

标 题 间 距 要 求

75%

标题间距要求

-20%

标题的间距变化相对较大，需要根据具体内容和标题大小来确定。

10:20time

Body text

内文文字间距要求

内文的间距   内文的间距   内文的间距

20%   0%   -20%

一般内文间距使用范围在-20至20之间，通过多年的设计经验发现，文字间距在20以上时，文字的阅读性会差一些，而且画面的美感也会差一些。字间距根据标题和内容需要选用最适合的数值。不同的字体，间距都是不同的，这也是设计师需要考虑的范畴。

15:40time

Rules for Changing the **Numeric Spacing**
数字间距的变化规则

1 2 3 4 5 6 7 8 9
20a

1 2 3 4 5 6 7 8 9
0a

1 2 3 4 5 6 7 8 9
-20a

 一般内文正常使用范围

15:50time

The Influence on Reading
间距对阅读的影响

1 2 3 4 5 6 7 8 9
40a

内文间距过松

1 2 3 4 5 6 7 8 9
-40a

内文间距过紧

过紧与过度松弛的文字间距都会妨碍阅读。

16:10time

Relationship
字符间距与空白面积的关系

过于紧密或稀疏的文字间距都会影响阅读。

文字间距20、间距10、间距-20，读者会分别产生什么样的感觉呢？字符间距过大，会影响整篇文章的阅读张力，降低文字识别度；会使文字内容过于跳跃，令读者的逻辑关系产生脱节。

文字间距过密，又会让读者对文字产生压抑感，对空白部分产生一个联想。比如示例/1，从一个角度看是线，从另一个角度，会更多看到底色的蓝色，这样就形成底色与文字之间的一个反差对照。

示例/2 文字与空白面积的关系（白底黑字产生的视觉对比）

内文间距过松

123456789
123456789123456789 1
234567891234567891 2
345678912345678912 3

内文间距过紧

123456789
123456789123456789123456789123456789
123456789123456789123456789123456789
123456789123456789123456789

示例/1 文字与空白面积的关系

内文的间距可以直观用百分比模式来展示数据，利用数据的正负来调整距离。每一次细微的调整都会影响到整体字符之间的关系，牵一发而动全身。通过调整字符的百分比例,会使得内文与空白之间形成视觉的交替，若字符之间的距离过于松弛，会影响整篇文章的阅读张力，使文字的识别度降低；字符的间距过大使文字内容过于跳跃，也会使得文案的逻辑关系产生脱节，字符的间距也会对文字产生其他影响，内页空白面积的增多，会影响字符形成点、线、面的关系。

示例/3 文字与空白面积的关系
（底色与白色字体产生的视觉对比）

内文间距过松

123456789123457
67891234567891
234567891234567
789123456789123
34567891234567
789123456789

内文间距过紧

123456789
123456789123456789123456789
123456789123456789123456789
3456789123456789

16:20time

Volume Created by Text Combination
文字组合产生的体积

33~35℃
6月26日星期日
The Seventh Day
第七天

通过文字组合产生体积，但何为文字组合？我特别不建议设计师把一个标题单独列出来，最好是多个元素组合出现。比如上图，看起来很紧凑，但又很有意思，而不是孤零零的一条信息。当然，我们并不是反对只有一句话的出现，而是希望通过设计手法让它在一个面积之内平衡更多的元素。当然，前提是不影响阅读的方便性。

在传统的数据里面，并没有设计元素，而单单是设计案例或设计细节，通过一二三级标题来区分。我们形成这样组合的目的，就是要加深一二三级标题之间的关系、序列。比如本书的标题，一级标题有五个设计元素，二级标题有三个设计元素，三级标题只有一个设计元素，我们通过很简单的个体量的变化和置换，就很清晰地把数量结构区分开来了。

在平常设计图书版式的时候，一般不需要很多设计元素，因为图书设计不需要很复杂。而跟设计有关的作品，就需要较多设计元素，设计师需要，客户也需要，我们通过一些设计手法，丰富有限的内容。但俗话说：巧妇难为无米之炊。对设计师而言，可运用的设计元素越少，设计难度越大，我们该如何克服这个困难呢？这就需要分析文字内容，提炼出一些关键的点，把它们进行组合。

比如本书第7章页眉，它包含了日期、天气、星期几、卡通图案等设计元素。以天气来说，它可以代表真实的天气，也可以代表作者的心情。这样的设计，就表达了更多的设计理念。这就是"文字组合产生体积"的真正概念，而不是简单用文字堆砌一面枯燥的墙壁。

| Monday | Tuesday | Wednesday | Thursday | Friday | Saturday | Sunday |
| 星期一 | 星期二 | 星期三 | 星期四 | 星期五 | 星期六 | 星期日 |

在组合文字时，需要考虑的不光是文字和文字之间的比例关系，还要根据信息的重要性对元素进行组合和配比，决定哪个占的比例更大，哪部分更应该凸显。比如本书页眉，双页页眉首先是日期，然后是天气，之后是其他几个信息进行辅助。单页页眉，会出现星期一到星期日，如果今天是星期五，星期五就使用特殊样式。但是它所叙述的是一个内容，而且已经用颜色进行了重点突出，所以它的元素大小和比例是一样的。

16:30time

Structure's Role in Text Combination
构成在文字组合中的关系

在平面设计学中，构成是一个非常基础的东西，但又是设计师要使用一生的理论。何谓平面构成？平面构成是视觉元素在二次元的平面上（也就是我们经常所说的平面宣传资料、平面纸媒、二维世界），按照美的视觉效果、力学的原理，进行编排和组合；是以理性和逻辑推理来创造形象、研究形象与形象之间排列的方法，是理性与感性相结合的产物。

设计师在做设计的时候，经常会因为个人主观认识、设计经验和设计能力的差异，造成不同的结果。设计师能否在个人能力基础之上达到一个全人类都认可的标准，决定了他能否成功。经常有设计师说："客户不懂我的设计。"其实不是客户不懂，而是设计师做得还不够好。设计师需要通过自身的积累，达到别人认可的一个标准。每个人内心都有一个美的标准，即使他的文化程度、学识不高，他内心也有一个隐形的美的标准。设计就是要达到大家对美的共性认识标准，做到这一点就会被认可。

有时客户所知有限，设计师应以自己的专业知识和设计经验，引导客户去认识更好的、更合适企业或个人的视觉形象，用语言和视觉说服客户，告诉客户这样的设计更丰富完整，能够更清楚地阐述企业含义。相比在设计中掺杂更多个人的喜好，这才是设计师应该做的工作。

当然设计师在设计中多多少少会掺杂一些个人化的东西，这和个人的教育背景有关。比如有的设计师喜欢荷兰风格，有的喜欢德国、日本风格，这无可厚非，但一定要考虑是否适合设计对象。比如做法门寺相关宣传品设计杂志，贯穿其中的一定是传统的东西，一切设计都必须体现这点。《法门》杂志第三期的页眉，虽然采用了现代的设计手法，但却体现了传统的观念。所以我觉得好设计的定义应该视设计的内容而定。

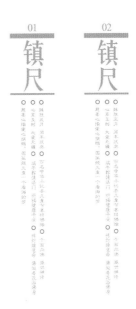

16:50time

Application of Dots
点构成的应用

构成在文字组合中的关系，我们该如何应用？从传统的平面构成定义可知，构成需要通过点、线、面的不同组合方式来完成形象识别。

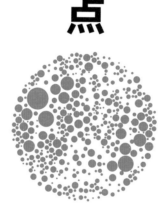

点的构成

点的定义：点是最基础的设计元素，通过点能实现韵律和节奏，甚至完成线的构成。

不同大小、疏密的混合排列，会成为一种散点式的构成形式；将大小一致的点按一定的方向进行有规律的排列，就会给人的视觉留下线化的感觉；将点由大到小，按一定的轨迹、方向进行变化，就会产生一种优美的韵律感。比如本书的页眉，和其他小的设计元素，都是作为点出现的，我们通过组合，使之成为一行一行的线。

16:55time

Application of Lines
线构成的应用

线

线的构成

线的定义1：面化的线（等距的密集排列）。

点的组合，远看形成密集的块，就是等距的密集排列。在设计中也可能不要求等距的密集排列，而是排列后形成一个面，这样更体量化。

线的定义2：疏密变化的不同，粗细和虚实的变化不同都会影响空间的透视视觉效果，从而产生视错觉、立体化、不规则化。

比如本书页眉，它是不规则的，首先大小是有区别的，通过不同的文字种类，英文、阿拉伯数字和中文的不同组合，视错觉、粗细变化、不规则化都达到了，这就完成了"构成"的基础理念，之后形成面。

17:10time

Application of Surfaces
面构成的应用

点   线   面

面的构成

面的构成形式：几何形的面，表现出规则、平稳、较为理性的视觉效果；自然形的面，给人以更为生动、厚实的视觉效果；徒手的面和有机形的面，表现出柔和、自然、抽象的形态；偶然形的面，自由、活泼又富有哲理性；人造形的面，则体现较为理性的人文特点。

面给人厚实的感觉，我们在画画和做设计时经常会提到几个词：单薄、厚重、丰富。厚重和丰富是褒义词，单薄是贬义词。我们通过点、线完成面之后，是不是达到了丰富、厚重的效果？如果达到了，这样的设计就是成功的。

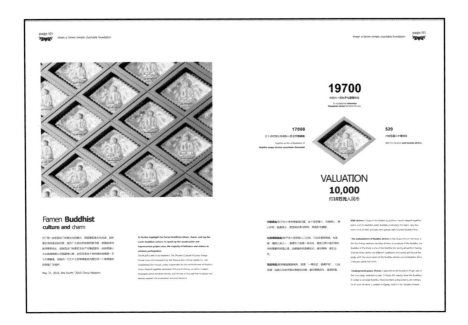

点线面的完美结合就形成了构成，包括密集构成、对比构成、肌理构成。

密集构成是指比较自由性的构成形式，包括预置形通过字的体量、大小、颜色来达成平衡。不规则是一种美，没有达到不规则之前，规则是更保守的美，它更容易达到我们最基础的要求，在基础之上我们才能变化。就像美术素描，要画圆先画方。先"规则"再变化，这是一定的。

17:20time

Content Alignment & Its Application Types
内文对齐方式与应用种类

对齐包括左对齐、右对齐、上对齐、下对齐、中对齐等，对齐的产生源于我们对版面重心的要求。对齐方式是根据设计内容来设定的。

左、右对齐是根据内容重心来确定的，右对齐要和页眉、边角构成对齐。当然，内容首先要足够多，对齐才合理。

如果设计内容是平铺直叙的，用左对齐相对比较理想，符合我们的阅读习惯。

中对齐适合平衡感十足的内容。比如中心是个圆的图形，上下内容中对齐，和圆的重心形成一致。

右对齐的应用是在比较特殊的情况下，画面重心在右边，比如图片在右边，那么文字为和图片重心保持一致，采用右对齐的方式，方便读者阅读。

对齐包括左对齐、右对齐、上对齐、下对齐、中对齐等，对齐的产生源于我们对版面重心的要求。在现代人的阅读方式中，左对齐应用只是阅读习惯的一部分。

对齐包括左对齐、右对齐、上对齐、下对齐、中对齐等，对齐的产生源于我们对版面重心的要求。在现代人的阅读方式中，左对齐应用只是阅读习惯的一部分。

对齐包括左对齐、右对齐、上对齐、下对齐、中对齐等，对齐的产生源于我们对版面重心的要求。在现代人的阅读方式中，左对齐应用只是阅读习惯的一部分。

上、下对齐是根据页面高度来确定的。通过对齐来完成画面，形成控制页面高度和最低位置的标准。上对齐的应用是为了和下方的内容形成对比，它规定了页面上方最高的文字距离。

上对齐的应用，是在下方有内容，为和下方的内容形成对比；上对齐规定了页面上方最高的文字距离。下对齐也如此，上方一定有内容，为和上方的内容形成对比。下对齐规定了页面的设计元素最低放置的位置。

上对齐的应用，是在下方有内容，为和下方的内容形成对比；上对齐规定了页面上方最高的文字距离。

下对齐也如此，上方一定有内容，为了和上方的内容形成对比。下对齐规定了页面的设计元素最低放置的位置。

左、右对齐是根据内容重心来确定的，右对齐要和页眉、边角构成对齐。当然，内容首先要足够多，对齐才合理。左、右对齐是根据内容重心来确定的，右对齐要和页眉、边角构成对齐。当然，内容首先要足够多，对齐才合理。左、右对齐是根据内容重心来确定的，右对齐要和页眉、边角构成对齐。当然，内容首先要足够多，对齐才合理。

左、右对齐是根据内容重心来确定的，右对齐要和页眉、边角构成对齐。当然，内容首先要足够多，对齐才合理。左、右对齐是根据内容重心来确定的，右对齐要和页眉、边角构成对齐。当然，内容首先要足够多，对齐才合理。

055

4

The Fourth Day

Designers said: "Designing should be carried out step by step in good methods!" Therefore, the organization of design materials and construction of design frame became necessary.

Then, what should we do before designing?

At first, we should sort out text materials, set up design framework and then filling the framework with information.

2011年6月23日
星期四 多云转阴天

设计师说："设计要有方式方法,要有步骤!"于是，便有了工作前的资料整理和设计框架的搭建。

没有人能搭建空中楼阁，打地基、砌墙、绑钢筋、灌水泥……少了任何一个步骤，或者哪一步做得不好，建筑物的质量都不合格，甚至还有随时坍塌的可能。我们的设计也必须从最基础的一步做起，经过一个首先、其次、再次、接下来……最后的过程。不要感觉烦琐，也不要想着偷懒，该进行的步骤一样也不能少。当然我的意思不是让大家完全按部就班，一名出色的设计师总能在规矩里玩出创意来，相信你一定也可以。

那么，设计前的准备工作都有哪些呢？

首先要准备文字资料，搭建框架，然后往框架中填信息。

**Communication/ Material Organization/
Analysis/ Framework Construction and Implementation**

9:00 time

沟通/资料整理/分析/产生架构与执行

设计前的准备工作都有哪些呢?
首先要准备文字资料,搭建框架,然后往框架中填
信息。

作为一名成熟的设计师,设计的准备工作应从沟通
开始。了解客户的需要,了解市场的需求,将这二
者结合在一起。
沟通完毕之后,接下来就是整理资料,然后对资料
进行分析,进而产生架构,开始执行设计方案。

沟通是人与人之间、人与群体之间思想与感情传递
和反馈的过程,以求思想达成一致和感情的通畅。

资料整理是根据调查研究的目的,运用科学的方
法,对调查所获得的资料进行审查、检验,分类、
汇总等初步加工,使之系统化和条理化,并以集
中、简明的方式反映调查对象总体情况的过程。资
料整理是资料研究的重要基础,是提高调查资料质
量和使用价值的必要步骤,是保存资料的客观要
求。资料整理的原则是确保真实性、合格性、准确
性、完整性、系统性、统一性、简明性和新颖性。

沟通/Communication

分析/Analysis

资料整理/Material Organization

Framework Construction and
Implementation
产生架构与执行

分析就是将研究对象的整体分为各个部分、方面、因素和层次，并分别加以考察的认识活动。分析的意义在于细致地寻找能够解决问题的主线，并以此解决问题。

架构是人们对一个结构内的元素及元素间关系的一种主观映射的产物。
分析是有效利用资源、保质保量达成目标的能力。执行力指的是贯彻战略意图，完成预定目标的操作能力。

10:20time

Structure Designing Configuration Table Draft
设计结构草图配置表

设计结构草图配置表

草图配置表是在综合所有信息之后，对每页所放内容的设置草案，相当于设计大纲。

草图配置表的形成大致分两个阶段：

勾草图阶段和设计稿阶段。

勾草图阶段

当设计师掌握了相关的设计素材资料后，勾草图就是最先要做的事情。勾草图的过程实际就是设计师思索的过程，这当中不能排除不同媒体版式的特性对设计师思维的制约，也不能排除不同字体和图片形式对设计师编排工作的影响。

Directory
目录

Copyright
版权

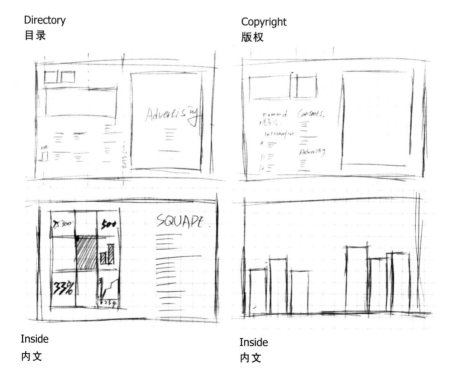

Inside
内文

Inside
内文

但优秀的设计师往往能突破这些制约和影响，以限制性开发创造性，化限制为自由。作为设计师，要学会接受限制，掌握限制，利用限制。

Copyright Specifications
版权规范

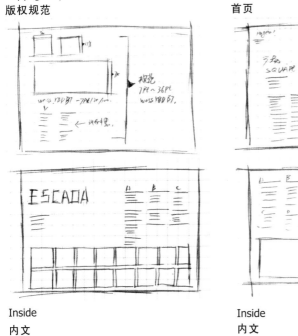

First Page
首页

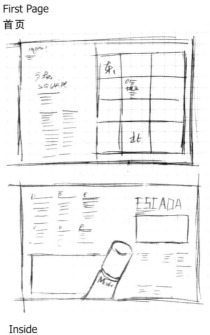

Inside
内文

Inside
内文

12:20time

Designing Stage
设计稿阶段

草图勾画是凌乱潦草的。设计者要在若干凌乱潦草的草图中选择出较满意的设计方案，对它进行进一步的完善。这是一个很重要的程序，称为设计方案阶段。设计稿中版式设计形式的选择范围应比勾画草图时明显缩小，但还是应根据设计方案的需要多画几张效果图进行比较，差异不一定要大。这个阶段要在编排格式上认真琢磨，仔细推敲，以保证下一步正稿的质量。

草图配置表出来后，我们就可以开始考虑装饰性的元素和每一页的阅读起点。阅读顺序是怎样的？页眉在左上角、右上角，还是左、右两边？比如一家企业的介绍可能分为好几部分，建议在手指翻书的位置出现1、2、3、4、5，通过颜色来区分各个部分。

Directory
目录

Inside

Copyright
版权

Inside

Copyright Specifications
版权规范

First Page
首页

Inside
内文

Inside

Inside

Inside

33~35℃
6月23日星期四
The Fourth Day
第四天

14:50time

Catalog Information
目录信息

目录信息

草图配置表完成之后，就要开始整理目录信息。目
录信息是对所涉及内容的大致整理，多少会体现出
设计风格。

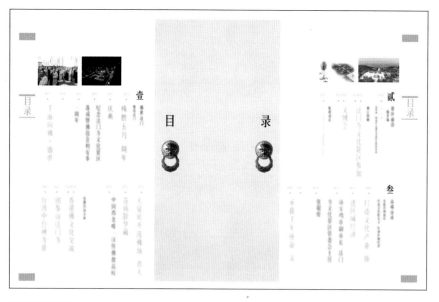

宗教感与传统相结合

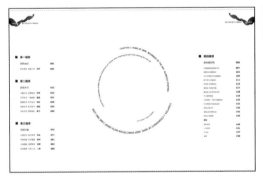

传统企业体现提升发展趋势，文字内容中规中矩

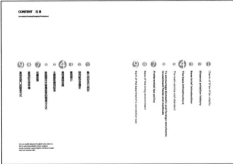

现代企业展现灵活发展，
用不同大小的圆来反映不同结构

⊖

15:15time

Pagination
页码

页码

目录信息整理完成后，我们需要通过页码来确定每一页的页面关系。无论内容如何，通过页码可牢牢控制整本画册的基调。

CorelDRAW ＋ Photoshop 100%　　　Page001% ＋ 002%

两种软件名称用加号连接，从页眉就可以看出，这本画册所阐述的内容和结构类型。页码百分比的表现形式阐述出百分比的设计特点。

Using a plus sign to connect the names of two software tools, this header indicates the main subject and structure of the book. The page numbers are presented in percentages, demonstrating the design features of percentages.

业绩展示｜ Performance Presentation　　　Page 01/02

简洁的组合，辨识度高的内容，清晰地表达出目前 "业绩展示" 这个版块在画册中的位置。
依照阅读习惯，我们在设计画册的时候，页眉作为翻阅画册时检索的要点，可以呈现具体查阅信息，方便阅读与检索。

With simple letter combinations and discernible contents, the location of "Performance Presentation" section in the album is vividly presented.
We designed the header of the album in accordance with reading habits. Readers use the header as a key point of reference when flipping through the album, and the header can provided specific information and allows for easy retrieval while reading.

Page01/02

在页眉具有检索功能的基础之上,也可以附加一些适合企业的设计元素,这些设计元素从企业标识本身的辅助图形进行提取,相对来说是比较科学的办法。当然我们也可以分析得出企业目前宣传中所缺失的几个方面并加以整合,产生新的符合企业性质的设计元素。

On the basis of its search function, designers can attach some design elements suitable for the enterprise to the header, such as those extracted from the auxiliary graphics of the enterprise logo. It is a rather scientific method to do so. Of course, designers can also analyze the missing aspects in the enterprise's publicity, and then integrate them to produce a new design element that fit the nature of the enterprise.

此页眉在企业五十年庆的背景下设计产生,提取1959—2009的数字信息,直观展示出企业五十年发展历程。使用飘舞的丝绸作为设计元素,与文字形成组合,烘托了企业五十年大庆的喜悦氛围。

This header is designed in the context of the 50th anniversary of the enterprise, ighlighting the numerals 1959—2009, it vividly demonstrates the 50-year development history of the enterprise. Using the fluttering silk ribbon as a design element to form a combination with the texts, it emphasizes the joyful atmosphere of the anniversary.

16:05time

Design Code
设计规范

要完成设计，做出优秀的设计作品，我们需要遵循
一定的设计规范。比如目录页内容规范、版权页内
容规范、内文规范、页眉规范、文字图形间距规
范，等等。

16:40time

Font Specification
字体规范

标题是读者了解正文的"先行官"。标题字体的选择应
当与正文的风格协调，如活泼的文风不宜选用凝重
的黑体，庄重的内容不宜选用太过随意的字体做标
题。在主、副标题并存的情况下，选用字体应显示
出主次等级关系。同时，标题字体与正文字体既要
互相呼应，又应区别有致。

一本期刊或一本画册，一定要保持一个统一的风
格，所以页眉字体、字号也要进行严格规范。

17:10time

Word Size Standards
字号规范

字号指字的大小。在使用字号时，我们建议有一个可选范围。

字号的大小可以体现出内容之间的等级关系，我不建议选择太多的字号，这样会造成版面的混乱，同级内容最好用一个字号。另外，同样的字号，但因为字体不同，视觉效果也会有所不同，在运用时，要掌握好搭配的协调性。

我建议大家做设计时，最好能参照实体阅读物，因为同样的字号在计算机屏幕上的视觉效果跟实际效果是不一样的，为了达到更好的设计效果，我们不能只依赖于计算机屏幕，要以实际效果为准。

17:50time

Spacing Standards
间距规范

字体和字体之间的间距，也要规范。标题与英文标题之间的距离为10~15个单位。"单位"，指的是比例关系。因为不同开本间距可能不同，但比例是一定的。文字和图形的间距也是如此。

符合这些规范，我们的作品不仅风格一致，内容和形式也都会达到一定的统一，同时又有一个变化的范围，看起来是一个完整的整体，但每部分又有自己的个性和创意。

在第五天的实战案例中会用具体案例展示这些规则。

5

Friday / 30~ 35°C / Clear

The Fifth Day

Designers said: "More cases should be presented to those longing for designing knowledge!" For this reason, designers provided various designing cases for us to discuss and inspire us.

No amount of military lectures can provide as much experience as those gained from participating in a military exercise. Now let us get engaged in the actual practice of designing after theory learning. I will share with you some cases, and use those cases to demonstrate how to construct a modernist grid system. I will use a vivid and concrete way to demonstrate the flexible use of different grids and different combinations of design elements in grids.

Monday	Tuesday	Wednesday	Thursday	**Friday**	Saturday	Sunday
星期一	星期二	星期三	星期四	**星期五**	星期六	星期日

2011年6月24日
星期五 晴

设计师说:"案例要多多滋润渴求之人!"设计师拿出各种案例供大家交流。

在军事课堂上听再多的课，也比不上参加一场实战演习得到的经验多。经过了一番理论的洗礼，今天我要带大家进入实战了。我会和大家一起分享一些案例，通过这些案例的展示来阐述现代派网格的实现，更具体更形象地向大家展示不同网格的灵活运用，以及各个设计元素在网格中的组合。

如果前面的理论让你感到枯燥乏味，那么今天的内容无疑是给了它们生命。你会发现你的手有多么神奇，一篇文章写得再精彩，赋予它视觉生命的人是你；一首曲子谱得再美妙，赋予它视觉生命的人也是你……一幅作品，在没有看到内容之前，人们首先为之动容的就是你的设计。你的设计直接影响受众的阅读欲、购买欲。
现在就让我们一起看看设计师是如何创造视觉生命的。

Realization
of a Modernist Grid

9:00 time

现代派网格的实现

9:30time

对设计画面进行拆解，了解画面是如何构成的。

我们使用一本DM来说明。为什么我们的设计是让读者先看到图片而非文字？在画面内容和图片确定的情况下，我们如何更好地将它们展示出来？在没有更多设计元素的情况下，我们无非是用一种大图配文字的基础设计手法来体现，但是这样对内容的阐述可能就不够清楚和详细，我们通过什么办法来对它进行更大的提升呢？

之前我们已经讲过字间距、栏高、标题之间的关系，现在我们对文字部分进行简单的节奏把握。

9:45time

Disassembly
of Design Elements

设计元素的拆解

东 ▶ 西 ◀ 南 ▼ 北 ▲

数字与方向、箭头都可以作为设计元素出现

9:55time

Combination
of Design Elements

设计元素的组合

9:58time

我们现在对设计画面进行拆分。首先我们要看到设计元素，通过分析整张大图的内容了解它要讲什么。它讲这里是城市灵魂的栖息地，讲广场之间包含什么。但它告诉我们的只是一个大的、有气势的外立面，一个小的视觉点，我们在没有看到里面的时候，会对其产生很多遐想。但是我们需要通过一张没有内景的图片，让人了解里面，怎么做到？我们用网格对画面进行分割，每一个块面都用来表示广场内的一种设施。有两种表示方式，第一种，我们把它进行编号，1、2、3、4、5、6，1是广场内的一个洗浴中心，2是

电影院，3是超市，4是商场。在编号之后，我们会对局部地区进行简单描述。也许有人希望得到确切的方位，那我们在画面比较醒目地方标注东南西北。通过这些元素的介入，形成了现在的画面，提取出了内容、序号、方向。方向和数字都可以作为设计元素出现。

第二页，你会发现我们几乎用同样的设计手法在阐述广场内某一商场的场景。这是要告诉设计师，可以用同样的手法表达不同的内容，以提高工作效率。

Case

Presentation

10:00 time

案例展示1

10:10time

在前一页我们看到，使用白色或者灰色底，然后用蓝色这种比较冷静的色调来展现一个相对理性的内容。现在我们要用黄色这样鲜艳、明晰、温暖的颜色来代表商场之内的情景。

10:20time

Disassembly
of Design Elements

设计元素的拆解

10:30time

Combination
of Design Elements

设计元素的组合

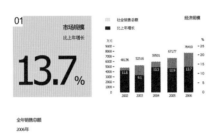

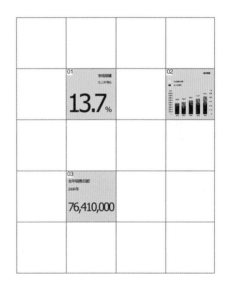

10:45time

那这时我们怎样用相同的手法表述不同的内容呢？商场更关心什么？业绩、成长规模、销售总额，我们通过不同的色彩和设计细节来表现这些内容。比如把一些表格做得更有设计感，在它的

色块提升范围之内做一些变化，让它更具吸引力和可读性。

11:00time

Refining
of Design Elements

设计元素的提炼

02
Organizers
Editorial Board Director

Editorial Board Members
Executive Director
Jack Wang
Business Directordianhua
Amanda Wang

01 市场规模
比上年增长

13.7%

Same Points
设计中使用的相同点

① 版式相同

② 设计元素相同

③ 色块使用面积**100%**

Different Points
设计中使用的不同点

① 使用信息不同

② 颜色不同

③ 表达信息方式不同

④ 色块使用面积**60%**

11:15time

将两个画面进行对比，我们会发现，版式是相同的，设计元素是相同的，色块的使用面积也大致是相同的。不同点是使用信息不同、颜色不同、表达信息的方式不同，色块的使用面积也不同。
也就是说，采用同样的设计手法，只要我们根据画面的不同内容对设计元素进行调整，即使是在同样的网格规则之下，也可以产生不一样的设计效果。所以说网格的诞生提高了工作效率，而不需要绞尽脑汁思索每个版式的不同设计手法。

11:45time

Design Element
Layout on a Printed Page

设计元素在版面上的分布

Case
Presentation

12:00 time
案例展示2

12:10time

在这本DM中，会有不同的分类，比如城市生活、名人访谈等。这期我们访问了小提琴手。我们要如何体现出小提琴手不同的个性？在一场美妙绝伦的演奏中，我们所能体会到的所有情感都不是小提琴手的，他只是在通过音乐表达别人的感情，不论他悲伤还是欢喜，统统都要埋藏起来。当演奏结束后，他终于可以表达自己的感情了，但又往往不被人关注，或者除了音乐，他根本找不到别的可以宣泄感情的方式。我们如何来表现他的心情变化呢？

12:15time

Design Element
Layout on a Printed Page

设计元素在版面上的分布

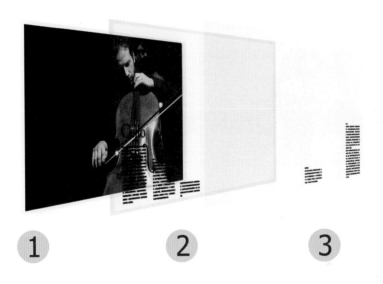

12:25time

通过文字的高低变化就可以实现。栏高的起伏变化即代表音乐的跌宕起伏，也代表了内心的起落变化。将小提琴手万众瞩目下表面的辉煌和内心的落寞全部表现出来。

暗色调中填充文字图形，融入画面后，非但没有影响画面重心，反而通过位置的设计对小提琴手内心的波动进行了视觉演绎。

为什么文字的比例那么小呢？首先不能影响画面重心——小提琴手，叙述性的文字只是为了阐述小提琴手的心理活动，它的内容、体积、颜色都只能是辅助的角色，不能喧宾夺主。

在画面中标注了1、2、3，说明它需要三个点去实现：人物、文字、内容。通过分割图片、色块的版面设计，看起来很清晰。

Case
Presentation

13:00 time
案例展示3

12:15time

DM少不了时装版，有些设计师经常会对时装版的排版方式感到头大，其实很简单，只是很难出效果。我们通过对品牌时装的理解去寻找品牌的历史起源，包括品牌名称、设计师、家族背景等，更深入地了解这一品牌该如何展示。

同样通过图片和文字来展示，提取出一些简单的设计元素。整个画面看上去相对平淡，因为主要内容是展示服装，多余的装饰只会喧宾夺主。

任何品牌都是经过长年的积累发展而来的，它的发展历史是它的骄傲，所以品牌的历史演变是要表现的一个重点，要靠内文来进行叙述。除此之外，内文还要阐述：它是谁？它是做什么的？它的特征是什么？这些基础信息必须放在一个醒目的位置。

13:45time

Design Element
Layout on a Printed Page

设计元素在版面上的分布

(1)

(2)

Exquisite article Kingdom

作为世界级精品王国，Bally无论鞋子、皮包、
时装、手表或饰品，都秉承瑞士产品品质无可
挑剔的传统，散发着经典与时尚的魅力。

(5)

(3) BALLY
(4) Since 1851

BALLY Since 1851 创造一个丰富而多元化但仍是一个完美整体的时装世界

(6)

---

① 主图展示

② 辅助图片

③ 品牌名称 BALLY

④ 历史年代 Since1851

⑤ 内文

作为世界级精品王国，Bally无
论鞋子、皮包、时装、手表或
饰品，都秉承瑞士产品品质无
可挑剔的传统，散发着经典与
时尚的魅力。

⑥ 图说 创造一个丰富而多元化但仍是一个完美整体的时装世界

Case
Presentation

14:00 time

案例展示4

14:15time

接下来，我们对某品牌的广告大片进行分析，它是为我们的品牌形象服务的。

在画面上如何表达？主题图片要展示品牌，让大家知道这是什么牌子的产品；辅助图片又要重点展示单品的特征。

在网格设计中，我们把它分成7个区域：1.品牌文字；2.辅助说明性文字；3.辅助图片；4、5、6是品牌内文叙述，分为香水、包包、饰品三部分；7.主题图片。

14:25time

Design Element
Layout on a Printed Page

设计元素在版面上的分布

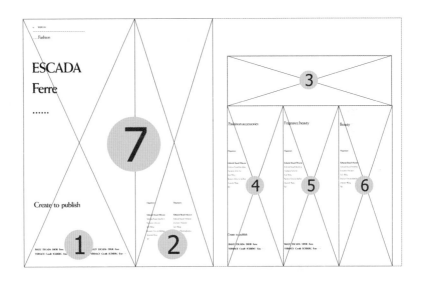

① 品牌文字

② 辅助说明性文字

④ ⑤ ⑥ } 品牌内文叙述

③ 辅助图片

⑦ 主题图片

14:30time

利用内文的每一段文字和它们所表达的不同内容把整个画面区分开来，
而不是通过方图来进行强行分割。

Case
Presentation

15:00 time

案例展示5

15:15time

在案例展示之后，我们再来看一些草图。

我们在设计很多单品的时候，经常会模糊画面，如何把很多单品糅合在一张图中？很多时候，并不需要太复杂的设计。整齐地排列，甚至可以称为罗列，再通过文字的叙述，很容易就达到效果了。整齐的矩形可以形成稳定的持续感，为我们展示大量商品信息带来极大的方便。

但是单纯罗列的版面在一本画册中最多只能出现三四页，不能太多。因为单纯罗列的版面在有些情况下会显得呆板，我们需要在整齐的版面中进行一定的变化。

15:25time

Design Element
Layout on a Printed Page

设计元素在版面上的分布

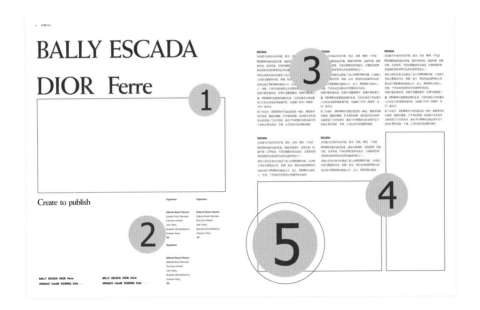

15:35time

这一版面较上页的版面就有一定的灵活性，虽然主要还是陈列、展示大图，但我们将区域5设置为一个可活动的、可灵活变化的区域，比如其他都是方图，此处放置圆图，使版面灵活起来，打破了方形统一画面的格局，但同时它又是统一在网格之中的。

15:35time

Case
Presentation

设计案例展示

Case Display

15:45time

Framework
Showcase
设计框架展示

Frame Display

16:05time

Standards

目录/版权页字体规范

Contents

Weiss XBD BT （20pt/-20/100）

目录

汉仪黑简 （10pt/-20/100）

China petroleum

Weiss XBD BT（12pt/-20/100）

中国

汉仪中黑简 （9pt/-20/100）

汽车油箱"胃口"到底有多大

汉仪中等线简 （8pt/-20/100）

Foreword

Weiss XBD BT （12pt/-20/100）

卷首语

Weiss XBD BT （8pt/-20/100）

主办单位

汉仪黑简 （9pt/-20/100）

编委主任

汉仪中等线 （8pt/-20/100）

Organizers

Weiss XBD BT （7pt/-20/100）

Editorial Director

Weiss XBD BT （7pt/-20/100）

广告部

汉仪中黑简 （9pt/-20/100）

客户经理

汉仪中等线简 （8pt/-20/100）

Editorial Department
Record Director

Weiss BT （7pt/-20/100）

16:25time

Standards

内文中文/英文字体规范

中文标头字体

内文中英文字体字号使用规范

汉仪大黑简

内文中英文字体字号使用规范

汉仪中黑简

中文内文字体

内文中英文字体字号使用规范

汉仪中等线简

英文字体规范

ABCDEFGHIJKLMNOPQRSTUVWXYZ
0123456789

abcdefghijklmnopqrstuvwxyz

Weiss BT

ABCDEFGHIJKLMNOPQRSTUVWXYZ
0123456789

abcdefghijklmnopqrstuvwxyz

Weiss BT

15:15time

规范使用的印刷专用英文字体，除具备中文字体的一切要求外，更应与中文合理搭配，以达到整体统一的视觉效果。

为塑造统一的形式，内文中涉及信息传达的文字均采用以上规定字体，方便形成连续的风格。

16:45time

Standards

页眉/内文字体规范

```
                    Weiss BT   （7pt/-20/100）
      01   TOP.DM   Weiss BT   （8pt/-20/100）
6X
9X    ......CITY ←  Weiss BT   （16pt/-20/100）
           12X
```

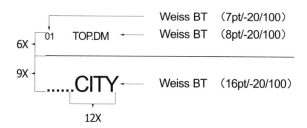

广场城市灵魂的栖息地　　　汉仪中等线（30-80pt/-20/100）（标题）

10~15X

SQUARE THE
HABITAT OF THE CITY SOUL

汉仪黑简（30-80pt/-20/100）（标题）
Weiss BT（15-20pt/-20/100）

10~15X

一个城市不能失忆、不甘尘寰的回忆、缘于不能割断的历
史，无法忘却的过去，当我们真的去探究，为什么其他的
地名已经归于平淡，而罗马市却依然声名远播时，我们这
才发现，这个位于钟楼之邻、城中之城的老街，数百年间
承载并支扬普这座古城所蕴藏的一切精神气，这里有车贾
云集的交易。

汉仪中黑简（8pt/-20/100）（前言）

15X

伟大的广场，这绝对不是一个兴师动众的咏人词语。当
「广场」一词首次从古希腊语中脱颖而出的时候，

汉仪中黑（8pt/-20/100）（内文标题）
汉仪中等线（8pt/-20/100）（内文）

16:55time

Standards

文字图形间距规范

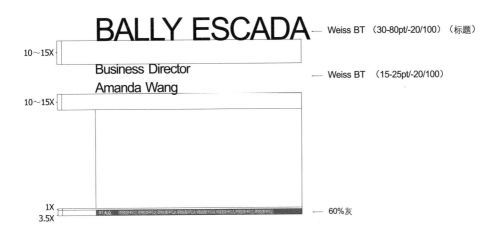

BALLY ESCADA — Weiss BT （30-80pt/-20/100）（标题）

10～15X

Business Director
Amanda Wang — Weiss BT （15-25pt/-20/100）

10～15X

1X
3.5X

01 大众　　明锐斯柯达 明锐斯柯达 明锐斯柯达明锐斯柯达 明锐斯柯达 明锐斯柯达明锐斯柯达 明锐斯柯达 — 60%灰

Gridding
Presentation
17:00 time
网格展示1

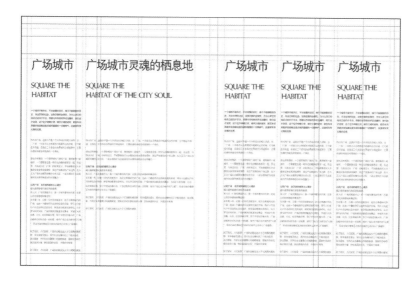

在案例展示和草图展示之后，我们再来看看整本DM中的网格。网格可以通过现代软件中的辅助线来实现。比如用辅助线来划分字与字之间的距离和比例关系。

运用网格规范页面，会产生视觉上的连贯性，可以让读者更关注内容，而不是形式。页面上的任何一个内容元素，无论是文字还是图像，都会和其他元素产生视觉联系，网格则能提供一套整合这些视觉联系的机制。

17:05time

17:15time

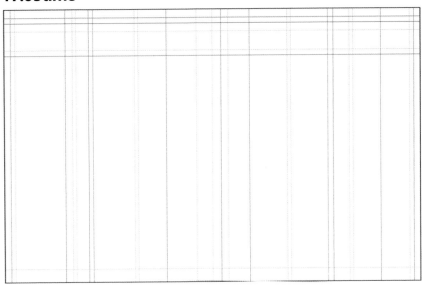

Gridding
Presentation

17:30 time

网格展示2

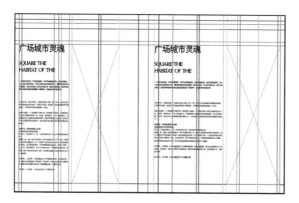

单一版式内的复合网格

一本书或一本画册在设计中使用不止一套网格。在一本画册中，文字为主体部分，单独使用一套网格。内文与标题从头到尾看起来都类似，但在不同的内容中标题与内文却有很多细微的变化，以区分这些篇章。它们所使用的网格也有严格的规定。

如上图，左边有两栏，且两栏的栏高栏宽都不相同，右边是三栏，栏高栏宽都是相同的。在一个页面之中，使用了不止一个网格系统。两个网格系统穿插使用，又不相互干扰。

红线是网格一，灰线是网格二。左边使用的是灰色网格，灰色网格内又有变化，1：2或者1：1的比例变化，其在使用中是可以存在变化范围的。一本杂志包括很多内容，比如一本DM，包含生活、时尚、地产、汽车四部分内容，这四部分不同的内容如何统一起来呢？首先我们具备一套基础网格，它是一个基础的高与低、左与右、文字大小之间的关系，它让整本刊物保持统一性，然后根据不同的内容需要，我们要在基础网格中再做出独立的网格，来达到视觉上的变化，对内容进行区分。

17:45time

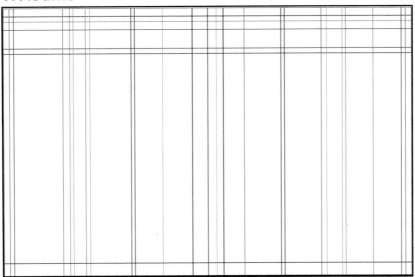

17:50time

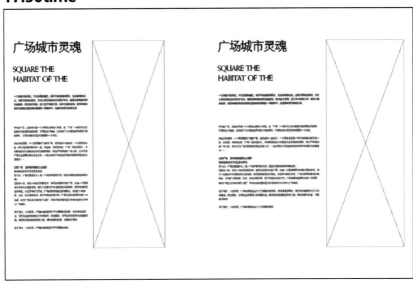

Color
Examples
18:00 time
色彩范例

Life

70%			
100%			
C0M0Y5K0	C5M0Y5K0	C0M5Y5K0	C0M0Y5K5

City

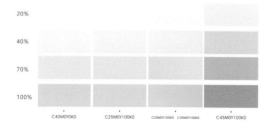

20%				
40%				
70%				
100%				
C40M0Y0K0	C25M0Y100K0	C25M0Y100K0	C35M0Y100K0	C45M0Y100K0

此外，我们还要从颜色上对每个版块进行定位区分。比如"life"版块，就比较淡、柔，因为生活本身就应该给人舒适感；"城市"版块，要有很强的空间感，有天空、大地等城市元素，所以色彩上要能体现出生态感；"地产"版块，主要是建筑物，采用灰色调；"时尚"版块则选择鲜艳的颜色，给人跳跃感。

Magazine
Supplement

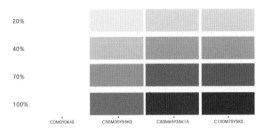

20%
40%
70%
100%

C0M0Y0K40   C55M35Y55K0   C80M65Y35K15   C100M75Y5K0

Fashion

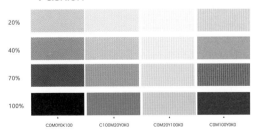

20%
40%
70%
100%

C0M0Y0K100   C100M20Y0K0   C0M20Y100K0   C0M100Y0K0

6

Saturday / 35 ~ 38°C / Clear

The Sixth Day

Designers said: "We need more case studies to help us grow in our work." Then designers shared their learning methods with us.

Not all clients will provide enough materials for you to design, not all materials provided can really be used in designing. Facing such circumstances, many designers' first reaction would be disoriented: can one really design anything with such a small amount of materials? Of course you can. The less material you have at hand to work with, the more designing talent can be demonstrated.

2011年6月25日
星期六 晴

设计师说:"工作中需要更多案例分析来帮助我们成长。"设计师拿出自己的学习方法来与大家分享。

不是所有的客户都会给你准备好一堆素材等着你来设计的,又或者这其中真正能运用的素材根本就没几个。面对这种情况,很多设计师第一反应就是"犯晕":就这么点东西也能设计作品?当然可以。很多时候,可运用的素材越少,就越能体现出你卓越的设计才华。

小时候折飞机比谁的飞得远,你能用的只有一张纸,但是却有很多不同的折法,直到你发现一种能让飞机飞得更远的方法。长大以后玩打火机,可以玩出很多花样,只要你不离开打火机这个主题,随便你翻花样,让人眼花缭乱。

设计也是一样,相同数量的素材随意排列组合一下,就可以得到很多方案。首先来看看我们可以运用的元素:色彩、各种数据图表、不同的材质、不同的语言,甚至是不同的装帧方式……不同的选择和搭配都会有新的灵感。在主题不变的前提下,可以随便运用它们。

现在,一起来看看在企业画册的设计中,我们会有多少种创意,答案是无穷无尽。

INTRODUCTION

企业简介

Jiangsu matches general manager/year of a limited
company of the wood

江苏木门有限公司的总经理

Jiangsu matches

Jiangsu matches a limited company of the HEYA wood to belong to the big and second science and technology group, being the same as the underneath brand of big and second group with the saint elephant floor, big and second artificial plank...etc.. Big and second science and technology group limited company starts to set up in 1978, is a local business enterprise 500 the high new technique business enterprise, the agriculture industry of strong business enterprise, nationses turn the national class point group leader business enterprise, is the listed company big and second science and technology and saint elephant groups to control a shareholder.

The group company headquarters is establish in Shanghai, this department is in the sun of , and have already distinguished the etc. ground in the United States, Hong Kong, Peking, Shenzhen, Hunan, Jilin, river's west, Fukien, Guangdong, Anhui, Heilongjiang to establish the company of cent or subsidiaries, the company is originally the department covers 5 square kilometers of area, existing employee's more than 20000es, among them each kind of professional personnel's more than 3000es, with several research hospital, high etc. colege sets up to produce to learn to grind the cooperative relation.The group sale sum 10,900,000,000 dollars in 2007.

江苏木门有限公司隶属于大亚科技集团。

大亚科技集团有限公司始建于1978年，是国内企业500强企业、国家高新技术企业、农业产业化国家级重点龙头企业，是上市公司大亚科技和圣象集团的控股股东。

集团公司总部设于上海，本部在丹阳，并已分别在美国、香港、北京、深圳、湖南、吉林、江西、福建、广东、安徽、黑龙江等地成立了7分公司或子公司。公司本部占地面积5平方公里，现有员工20000余名，其中各类专业人员3000多名，与多家科研院所、高等院校建有产学研合作关系。2007年集团销售额109亿元。

集团目前拥有包装、木业、IT和气配四大产业板块，主导产品有超薄型铝箔、各类高档包装基材、高档彩色印刷制品、中密度纤维板、刨花板、人造板、三层实木复合地板、强化地板、家具、宽带网络接入设备等。分"大亚人造板"等知名品牌，其中，圣象地板连续12年全国销量第一，大亚人造板生产规模为亚洲第一、世界第三，大亚铝箔国内市场占有率第一，其他各产业的产销规模和经济效益也长期处于同行业领先地位。

为了进一步优化产业结构，提升集团整体竞争力，大亚集团适时调整发展战略，投资数亿元成立江苏合板木门有限公司，利用大亚人造板产业的有利资源，为市场终端消费者提供优质木门窗等系列产品。

point group leader business enterprise, is the listed company
of second science and technology
int elephant groups to control a shareholder.

arket need
0,000,000,000

Brand　Concise　Environmental
protection

4 KINDS OF PRINCIPLE

四大原则

独特个性原则
每一个家庭都有自己的特点，每一扇门也应该有自身的特点。
张扬个性，才能有自成特色。

简洁大气原则
大道至简，越是简洁的设计越大气。
越是简洁的设计越难美。

生命力原则
在我们的脚中，每一套合樘木门都是一个家的生命体的一部分，
而不仅仅是一个房子的配件。

和谐原则
合樘木门在满足基本功能要求的前提下，
使木门与其他室内物体充分融合，成为和谐统一的整体。

Special character principle

Each families contain own characteristics, each door also should have the
characteristics of the oneself, making open the character, then can have from
become the special features.

Special character principle

Each families contain own characteristics, each door also should have the
characteristics of the oneself, making open the character, then can have
from become the special features.

Special character principle

Each families contain own characteristics, each door also should have
the characteristics of the oneself, making open the character, then can
have from become the special features.

Special character principle

Each families contain own characteristics, each door also should have the
characteristics of the oneself, making open the character, then can have
from become the special features.

Special character principle

Each families contain own characteristics, each door also should have the
characteristics of the oneself, making open the character, then can have from
become the special features.

橡木实木油漆门 • The solid wood feeling is stronger, natural and stylish.

Special character

principle

产品介绍

DX-001 橡木实木油漆门
Use the material   Crude rubber wood
使用材料／天然橡胶木

Product characteristics
不变形，无裂纹及隔热保温，实木感较强，天然，华贵。

Constant form, have no crack and
separate the hot heat preservation,
the solid wood feeling is stronger, natural and stylish.

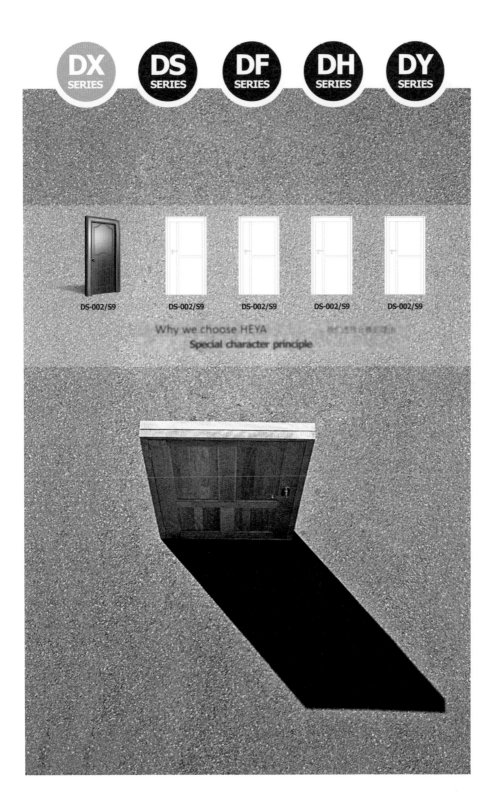

DX SERIES DS SERIES DF SERIES DH SERIES DY SERIES

DS-002/S9   DS-002/S9   DS-002/S9   DS-002/S9   DS-002/S9

Why we choose HEYA
Special character principle

70.5CM

200CM

DS-002/S9

Special character principle

产品介绍

DS-002/S9　　　生态健康门

Use the material Three gather the cyanotype to decorate the plank

使用材料／三聚氰胺装饰板　国际流行的板材花色．铝合金和玻璃

Product characteristics

产品特点

美观时尚．强度高．适合于现代年轻人的个性需求．三聚氰胺装饰板可以任意仿制各种图案．色泽鲜明．用作各种人造板和木材的贴面．硬度大．耐磨．耐热性好．耐化学药品性能好．能抵抗一般的酸．碱．油脂及酒精等溶剂的磨蚀．表面平滑光洁．容易维护清洗．

The product characteristics/ beautiful vogue, the strength is high, the character need of the suitable for modern young man.
Three gather the cyanotype to decorate the plank and can make copy various pattern arbitrarily, the color and luster is fresh and clear, useding to various artificial plank and timbers to stick the noodles, the degree of hardness is big, bearing to whet, heat-proof good.
Bear the chemicals function good, can resist generally sour, the melting agents such as alkali, grease and alcohol etc. whets the eclipse.The surface is smooth and clean, the easy maintenance clean.

DS-002/S9　　　DS-002/S9　　　DS-002/S9　　　DS-002/S9　　　DS-002/S9

Case
Analysis

9:00 time
案例色彩分析

产品分类

该企业有五大类产品，通过五种颜色来区分，
让人们在翻到画册的时候，很容易就能了解各
个产品的特点，挑选到自己喜欢的类型。

Classification

Product Classification

5 colors represent 5 kinds of product,

in this way one can easily understand the characteristics

of each product and pick their favorite when reading

the album.

9:25time

Disassembly
of Design Elements

设计元素的拆解

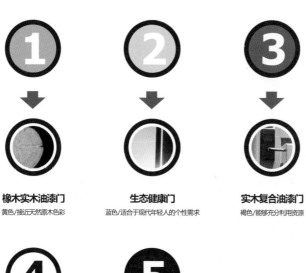

橡木实木油漆门
黄色/接近天然原木色彩

生态健康门
蓝色/适合于现代年轻人的个性需求

实木复合油漆门
褐色/能够充分利用资源

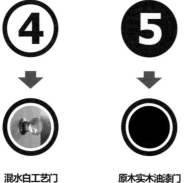

混水白工艺门
白色/覆盖力强，色彩多变

原木实木油漆门
红色/中国传统色彩，体现尊贵、豪华

Case
Presentation

9:55 time

案例展示1

画册工艺
封面纯天然原木/金属镶嵌/布包裹封面

Design Concept

设计概念

封面的木纹设计体现企业倡导的环保理念，

金属镶嵌则表现企业制造能力的先进性与科技性。

通过这两点设计，来体现企业的理念：环保和科技。

该画册造价非常昂贵，封面是布与木头材质相结合的。消费者在购买木门

时，当然都希望它是真材实料的，所以我们将画册的质感做得非常到位，

让消费者看到画册就会对产品产生信任。

10:05time

Disassembly
of Design Elements

设计元素的拆解1

金属
安全感

提取门的特征
表达出企业的产品特征

木头/环保

布/环保与特殊性

Metal inlays

金属镶嵌

Pure natural wood

纯天然原木

10:10time

Disassembly
of Design Elements

设计元素的拆解2

企业简介

　　"企业简介"部分，介绍企业概况。大面积的蓝色色块（代表工业、冷静、理性）的使用，使消费者感受到该企业极强的工业感和严谨的企业态度，这直接影响消费者的购买心理和购买态度。提炼的数据表达了企业对市场的期望与目标，工厂实景又向消费者展示了企业实力。

10:15time

Combination
of Design Elements

设计元素的组合1

画面中领导向外眺望，体现出领导统观全局，高瞻远瞩，展望未来。

10:20time

Disassembly
of Design Elements

设计元素的拆解3

橡木实木油漆门(形象篇)

形象就是使我们要阐述的语言具有画面感。

通过一个很自然的环境，体现门的纯天然材质，以及使用该门后回归自然的心情。再通过设计元素的呈现、颜色的填充，体现该部分的象征色。

10:30time

Combination
of Design Elements

设计元素的组合2

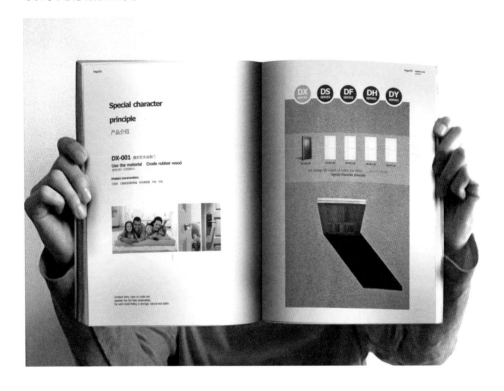

橡木实木油漆门(产品篇)

用实景给消费者营造出该木门在房间内的真实环境。不管你如何挑选，在你面前只有一扇最适合你的门，那就是我们这扇。为什么？因为它优良的质地和美观得体的外形，当然最重要的是你已经被它吸引了。

10:40time

Disassembly
of Design Elements

设计元素的拆解4

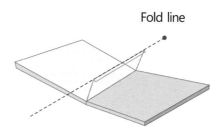

Fold line

消费者购买木门时，其实很担心门里面的材质，因为通常看不到。我们在产品部分增加了真实感极强的夹页，设计了可折叠的部分，给消费者一种立体的感受，增加了木门的真实感和厚重感。并且向消费者展示了木门的内部材质，增强了品牌认同感，提升了消费者的信任度。

10:45time

Combination
of Design Elements

设计元素的组合3

生态健康门(产品篇)

生态健康门一定要突出科技感和现代感，要符合年轻人的需求。我们通过与真实生态门镜像的线稿，体现出年轻人的活力与智慧，画面色彩上也更符合年轻人对现代居住生活的追求。

10:50time

New Mode
Inspired by Quick Case Change
设计案例的快速变化1

很多设计师经常会抱怨:"客户要求有更多的变化,但是内容和图片就这么多,都很有限,怎么变化呢?"本节就来解决这个问题。

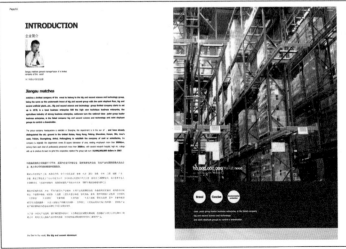

121

10:55time

New Mode
Inspired by Quick Case Change
设计案例的快速变化2

11:20time

Case
Presentation

设计范例1/辅助线划分网格

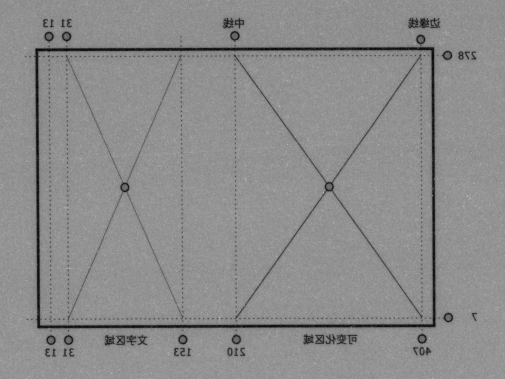

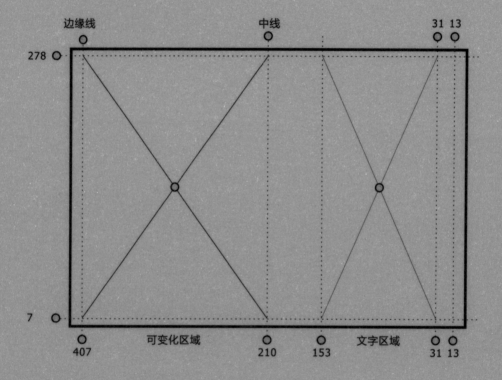

边缘线 中线 31 13

278

可变化区域 文字区域

407 210 153 31 13

7

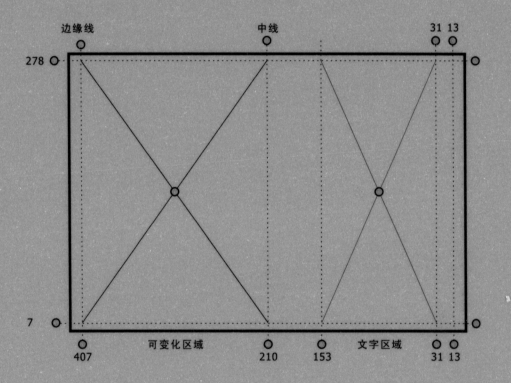

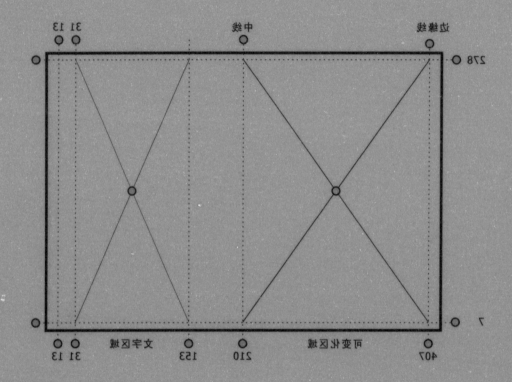

35~38°C
6月25日星期六
The Sixth Day
第六天

11:40time

Case
Presentation

设计范例2/辅助线划分网格

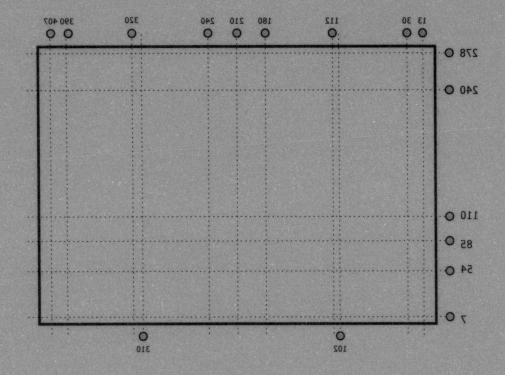

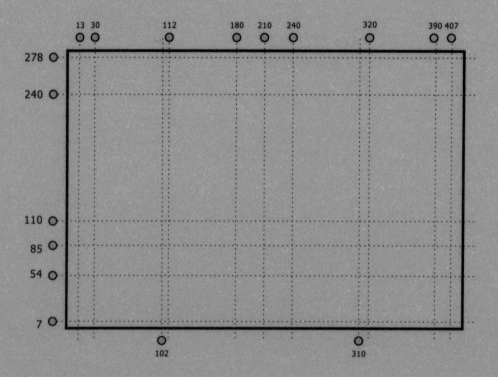

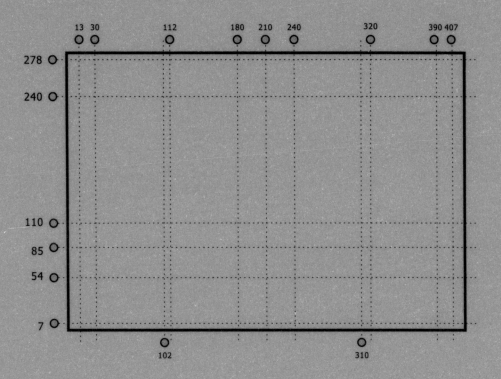

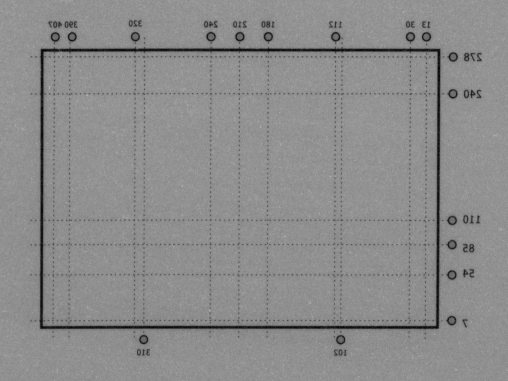

127

11:55time

Case
Presentation

设计范例3/辅助线划分网格

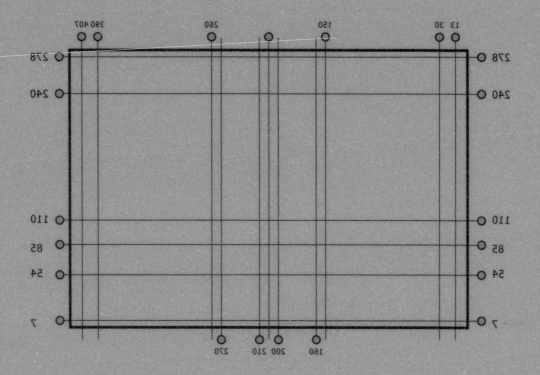

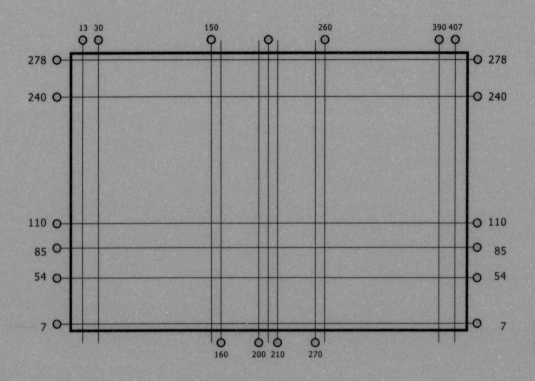

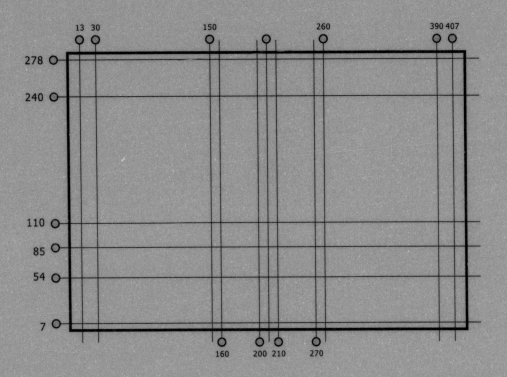

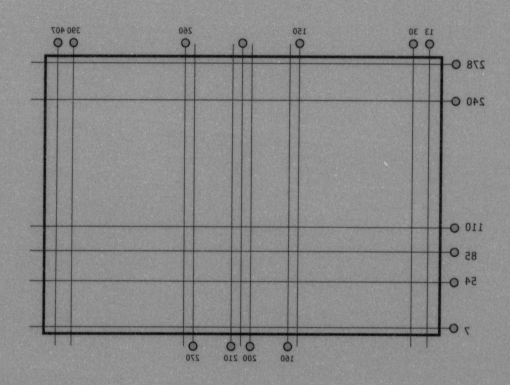

129

12:05time

Case
Presentation

设计范例4/辅助线划分网格

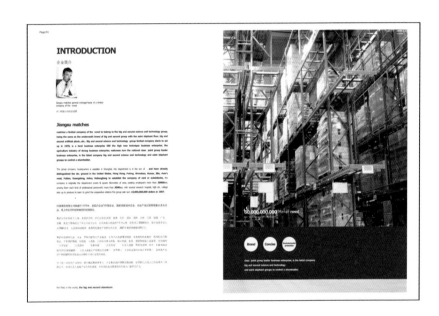

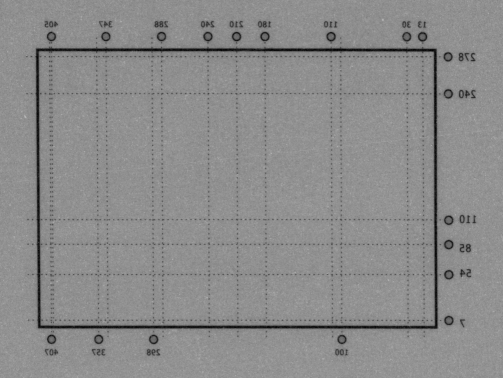

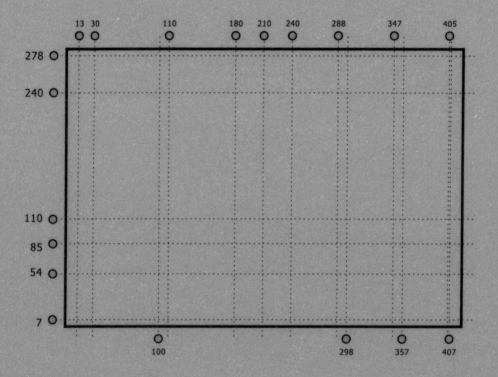

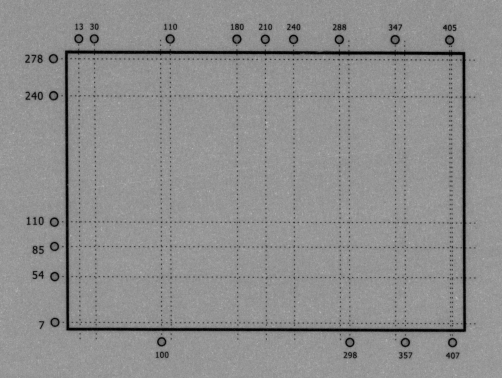

Monday　Tuesday　Wednesday　Thursday　Friday　Saturday　Sunday
星期一　星期二　星期三　星期四　星期五　星期六　星期日

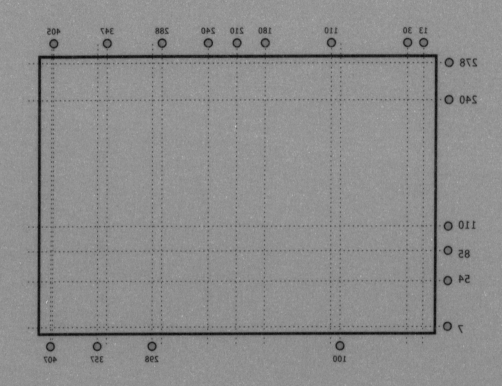

FTCF
CHARITABLE FOUNDATION
shaan xi famen temple charitable foundation
陕西法门寺慈善基金会

慈善基金会

22 Spark Road, Xi'an
www.daming.info
E-mail:dmqylz1212@21.cn.com

TEL/029-83210331   13669192666
FAX/029-86265888
Beijing Design Festival

CHARIHBLE FOUNDHTION
shaan xi famen temple charitable foundation

陕西法门寺慈善基金会

慈善基金会

CHARIABLE FOUNDATION

shaan xi famen temple charitable foundation

EACH OF **YOUR**

support will help a person in need

您的每一笔供养都将帮助需要的人

Famen Temple

SHAAN XI FAMEN
TEMPLE CHARITABLEFOUNDATION

慈善基金会

文化景区依托法门古寺而建，位于陕西省扶风县，景区一期工程斥
巨资打造（25亿元），占地约1300亩，邀由台湾著名建筑设计大师
李祖原先生主持设计的。（他曾主持设计台湾中台禅寺及目前全世
界最高摩天大楼——台北101等著名建筑），景区由山门广场、佛
光大道、法门寺寺院、合十舍利塔，以及众多艺术佛像、园林雕塑
小品等几部分组成，全面展示了佛文化在哲学、政治、艺术等方面
的成果，彰显了中华民族灿烂的历史文化

The cultural scenic area is built on the basis of the ancient Famen Temple, located in Fufeng County, Shaanxi Province. Its first-stage project costs 2.5 billion yuan, covering an area of around 1300 acres. It is designed by the famous architectural design master Chiu-yuan Lee, who directed the design of Chung Tai Chan Monastery and Taipei 101, the world's tallest skyscraper at the time of completion. This scenic spot consists of several parts, including the Mountain Gate square, the Avenue of Buddha's Light, Famen Temple, the Palms Together Dagoba, as well as numerous artistic statues of Buddha and Garden Sculpture. It is a comprehensive demonstration of the achievements of Buddhism in the philosophical, political, and artistic aspects, as well as the splendid history and culture of the Chinese nation.

EACH OF **YOUR**
SUPPORT WILL HELP A **PERSON**
IN NEED

May 21, 2010, the fourth "2010 China Western

景区建设自2007年3月，根据省委省政府统一部署，由曲江新区管委会组建了法门寺开发建设团队，与宝鸡市人民政府一起负责项目开发建设。项目总规划面积9平方公里，分为东区佛文化展示区与西区综合服务区。整体区域规划依托佛文化资源和地域文化资源为发展基础，是陕西省委、省政府强力推出的十大文化旅游工程之一，也是曲江国家级文化产业示范区的重要辐射、延伸区域。在构建和谐社会政策的历史背景下，陕西建设文化强省，旅游强省的重大举措并致力将其打造成为名符其实的世界佛都，成为继兵马俑之后的陕西第二个文化符号。

Under the unified deployment of the government of Shaanxi Province, the construction of the scenic spot started from March 2007. A construction team of Famen Temple was built by the Management Committee of Qujiang New Area, it was to cooperate with the government of Baoji Municipal to lead the construction project. The total planned area of the project is 9 square kilometers, which will be divided into the Buddha culture display area in the east and the integrated service area in the west. The overall regional plan relied on Buddha culture resources and regional culture resources, was among the Top 10 cultural and tourism project launched by Shaanxi provincial government, as well as an important extension of the Qujiang national culture industry demonstration zone. In the historical background of the policy of building a harmonious society, Shaanxi launched a major initiative to build a strong province of culture and tourism, and is committed to building it into a veritable Buddhist capital of the world, making it the second cultural symbol of Shaanxi after the Terracotta Warriors and Horses.

2010
China Western
May 21, 2010,
the fourth "

Harmony through
the door we entered a Buddhist Avenue

Landscape **spindle**

穿过圆融门我们就步入了佛光大道，佛光大道全长1230米，宽108米，面积约达14万平方米，是一条成佛之道，同时又是景区的景观主轴。

佛光大道分别设有经幢、菩萨、等装段，它是按佛教五时判教而设，我们鸿山门比喻为此岸（现世），佛光大道接引众生通过五时判教到达彼岸合十舍利塔（佛国），这样一轮回即为一大度，同时佛教中讲究因缘乐生法，大道内两侧的10尊菩萨是为佛之因，佛是为菩萨之果。

Through the gate of Consummate Interfusion, we step into the Buddha's light avenue, it is 1230 meters long, 108 meters wide, covering an area of about 140000 square meters, is a way to Buddhahood, and at the same time the main axis of the landscape of the whole scenic area.

Buddha's light avenue is equipped with dhvajas and bodhisattvas, it is constructed according to the Five Periods of Teachings, serving as a way to guide the living beings through the five teachings to complete the cycle of reincarnation, with the Mountain Gate set as this side (the present world), the dagoba as the other side (the Buddha's Land). As Buddhism emphasizes the law of karma, 10 bodhisattvas on both sides of the avenue represent the hetu to Buddhahood.

May 21, 2010, the fourth "2010 China Western

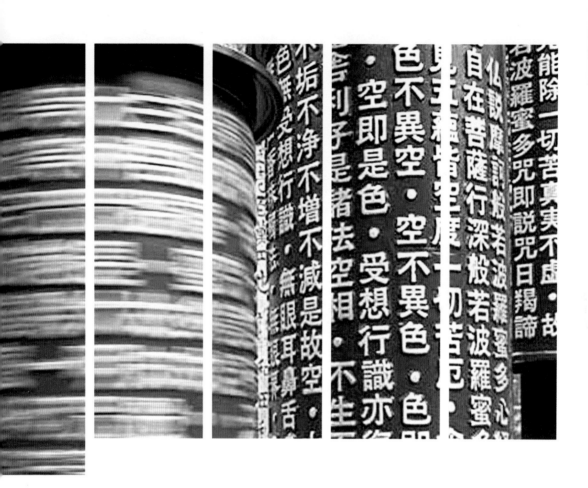

在佛光大道上穿行，感受由菩萨之因到佛之果的成佛过程，二侧菩萨表一佛，佛在中间，佛即是我们自己，佛在我们心中。位于佛光大道东侧的林荫道中，我们可以看到其由八组景观雕塑组成的佛陀圣迹，其主旨意喻人间佛陀，人间佛教。

此佛陀像非圣化之佛陀像，按不同的年龄做出不同的模样，体现佛陀走凡入圣的伟大精神，而西侧的林荫道中为您呈现的八组景观雕塑则为法界源流，其主旨辘释迦灭寂涅磐后的佛教的复兴光大，如汉传佛教净土宗、禅宗、中国八宗、藏传佛教、南传佛教等。

位于佛光大道罗北段的东侧就是法门寺寺院，整个寺院面积约3万平方米。始建于东汉末年恒灵年间，距今约有1700多年历史，有"关中塔庙始祖"之称。法门寺因舍利而置塔，因塔而建寺，原名阿育王寺。唐高祖李渊武德七年（625年）敕建并改名法门寺。

Walking along the Buddha's Light Avenue, we can feel the Wheel of Reasons with bodhisattvas on both sides and Buddha in the center. Buddha is ourselves and Buddha is within our hearts. Walking along the boulevard on the east side of Buddha's Light Avenue, we can see a total of eight groups of sculptures, composing the Buddha's holy relics to represent the Buddha on earth. These statues are not sanctifications of the Buddha statues, they are made according to the images of Buddha in different ages, represents the great spirit of Buddha from the mortal to the sage. The boulevard on the west presents you with eight groups of sculptures themed as the origin of dharmadhatu, aiming at developing Buddhism after the Nirvana day, such as Pure Land Buddhism, Zen, Eight Schools of Chinese Buddhism, Tibetan Buddhism, Southern Buddhism, and so on. Located on the east side of the northern section of Buddha's Light Avenue is the Famen Temple compound, covering an entire area about 30000 square meters. The temple was built in the end of the Eastern Han Dynasty during the 'Hengling period', with a history of more than 1700 years, and is known as "the originator of tower temples in Guanzhong". Famen Temple was originally called Ashoka Temple, it is built because of the tower and the tower was built for the Buddhist relics. Li Yuan, the Emperor Gaozu of Tang, ordered its construction and renamed it as Famen Temple.

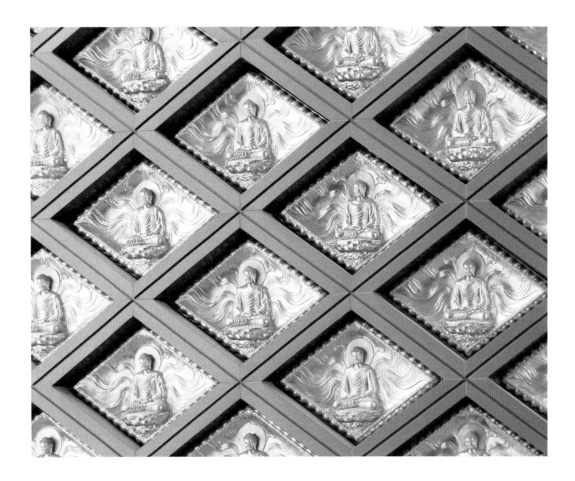

Famen **Buddhist**
Culture and its charm

为了进一步彰显法门寺佛文化的魅力，挖掘景区佛文化内涵，加快景区项目建设和完善，提升广大信众和游客的参与度，使佛祖舍利惠泽善男信女，经陕西法门寺景区文化产业集团委托，由陕西禅心文化传媒有限公司组建禅心阁，全权负责合十舍利塔化身佛阁一万七千尊佛像，地宫内一万九千七百尊佛龛及内壁五百二十尊佛龛的供养推广及维护。

May 21, 2010, the fourth "2010 China Western

In order to further hightlight the charm of the Famen Temple's Buddhist culture, richen its culture deposits, accelerate the construction and perfection of the project, enhance the participation of believers and tourists, so that the Buddhist relics' grace would extend to good men and women, Chanxin Pavilion is set up by Shaanxi Chanxin Culture Media Co., Ltd. It is a project commissioned by Shaanxi Famen Temple Culture Industrial Group, responsible for the promotion and maintenance of 17000 Buddha niches in the shrine of emanation, 19700 Buddha niches in the underground palace and 520 Buddha niches on the inner walls.

19700

地宫内一万九千七百尊佛龛

Nineteen thousand and seven hundred
Buddha niches in the underground palace

17000

合十舍利塔化身佛局一万七千尊佛龛

Seventeen thousand Buddha niches
in the shrine of emanation of the Palms Together Dagoba

520

内壁五百二十尊佛龛

Five hundred **and twenty Buddha**
niches on the inner walls

Valuation
10000
约10万元人民币

内壁佛龛/位于合十舍利塔最高位置，合十双手掌心，与佛同心，佛心护佑，数量极少，更显其珍贵与特殊，照亮东方佛都。

化身佛局佛龛/位于合十舍利塔入门之地，乃众生善拜佛龛、化身佛，佛的三身之一，是佛为了救度一切众生，随应三界六道不同状况和需要而发现之身，此佛龛伴化身佛左右，佛光辉映，接引众生。

地宫佛龛/毗邻佛祖真身舍利，取意"一佛住世，诸佛护持"，以此供佛，成就久远劫来务必精勤的功德，象征尊贵自在，福慧双增。

Buddha niches on the inner walls / Located on the highest position of the Palms Together Dagoba, palms together to be with one heart with Buddha and protected by Buddha. Their rarity makes them more precious and special. They illuminated the Oriental Buddhist capital.

Buddha niches in the shrine of emanation / Located at the entrance of the Palms Together Dagoba, they are in the form of one of the three bodies of Buddha, which is the body of Buddha in response to the different conditions and needs of the three worlds and six paths in order to save all beings. They are in company with Buddha's emanation body to guide all sentient beings.

Buddha niches in the underground palace / Adjacent to Buddha's finger relics, they take the meaning of "One Buddha lives in the world, and all Buddhas protect it". By offering them to the Buddha, it is bound to achieve supreme merit and virtue, and enhance blessing and wisdom.

Case
Presentation

13:00 time

案例展示2

CHARIABLE

FOUNDATION

shaan xi famen temple charitable foundation

13:20time

Disassembly
of Design Elements
设计元素的拆解1

横 · 竖 · 撇 · 捺 · 点

横　　竖　　弯　　钩

我们在设计《法门》杂志的时候，会考虑杂志的内容和法门寺文化景区的历史背景。法门寺文化景区是一个既具有历史传统又具有现代展示元素的场所，所以我们在设计的时候，需要将传统与现代相结合。

将中国传统笔画和英文字体相结合，形成具有书法艺术的设计手法。

13:25time

Disassembly
of Design Elements

设计元素的拆解2

使用设计元素来填充设计内容

首先分析背景，因为是佛家慈善基金会，佛的形象是要出现的，还需要体现佛身处的环境，要有金色慈悲之光。

背景中朦胧的佛身象征如来三身佛，寓意佛家的大慈大悲。背景中隐现的金刚经更是象征佛法的玄妙。用这些元素组合来展示出企业所要表达的行业属性和行业特征。

13:40time

Disassembly
of Design Elements

设计元素的拆解3

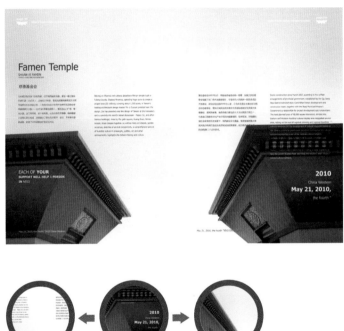

开篇山门

用具有迎宾性质的山门来作为画册的开篇，
具有夹道欢迎之意，在开篇出现也具有对读
者的迎宾之意。

从文字中提炼出重点信息之后，通过设计手
法强调信息的重要性。

143

14:10time

Disassembly
of Design Elements

设计元素的拆解4

画面的视觉节奏

有节奏的布局体现山路的崎岖、转经轮的动感，让读者直观地感
受山路两旁佛家圣地的庄严肃穆。

14:20time

Disassembly
of Design Elements

设计元素的拆解5

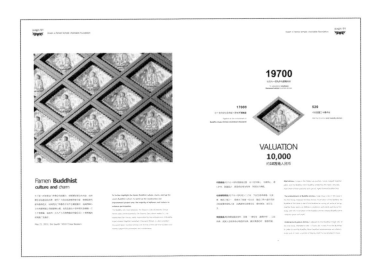

分析内文突出信息特点

分析文字与资料得出文字信息重点，放大图片信息点，如估价、佛龛数量，单独出现的佛龛更加清晰具象，有更加准确的数据体现。

一

14:50time

Case
Presentation
案例展示3

照需有光，佛光是圆光

圆是满全，圆光是无缺的大光

光

圆光是无缺的大光

佛

时　　　　文

法門

尚　　　　化

佛中有法门　法门中有佛

佛

时　　　　文

照

尚　　　　化

照见五蕴皆空

15:10time

Disassembly
of Design Elements

设计元素的拆解1

画册页眉的设计灵感来自镇尺，章节选用繁体，寓意法门寺历史悠久，

文化积淀之深厚。金/如来/佛之金身

The header of the album comes from the image of the paperweight,

the names of the chapters are in Traditional Chinese to highlight the long history and rich cultural heritage of the Famen Temple.

Golden/Buddha/Buddha's Golden Body

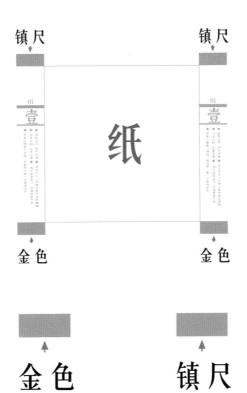

般若波羅蜜多心經

觀自在菩薩行深般若波羅蜜多時
照見五蘊皆空度
一切苦厄舍利子色不異空空不異
是色受想行識亦復如是舍利子
滅不垢不淨不增不減是故空中無色無受想
眼耳鼻舌身意無色聲香味觸法無眼界乃至無
界無無明亦無無明盡乃至無老死亦無老死盡
集滅道無智亦無得以無所得故菩提薩埵依
羅蜜多故心無罣礙無罣礙故無有恐怖遠離顛
想究竟涅槃三世諸佛依般若波羅蜜多故得
羅三藐三菩提故知般若波羅蜜多是大
咒是無上咒是無等等咒能除一切苦真實
般若波羅蜜多咒即説咒曰揭諦揭諦
波羅僧揭諦菩提薩婆訶

唐三藏法師玄奘奉詔譯

法門

目录

目

肆

佛佑天下

目录

录

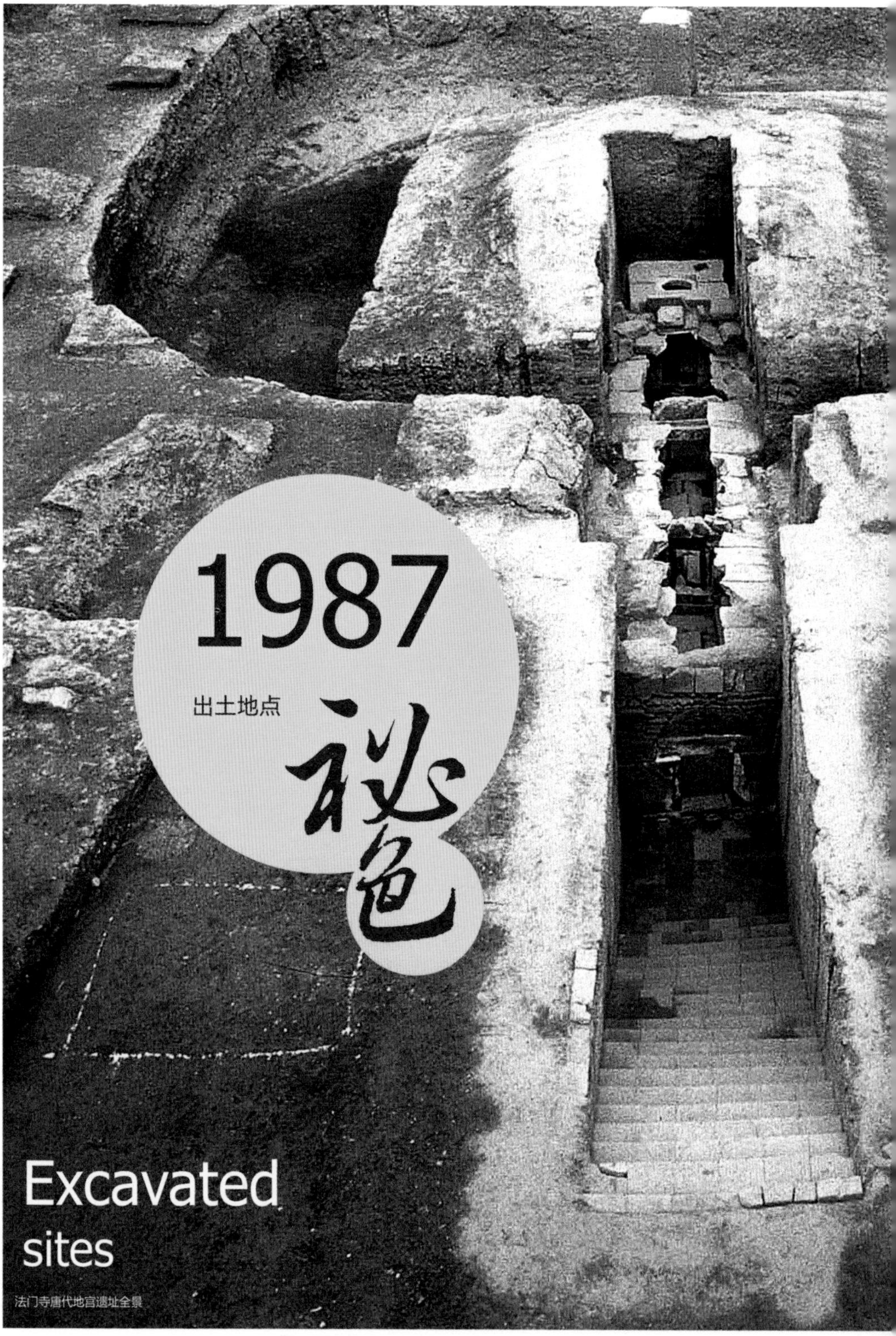

伍

禅韵悠悠

1987

出土地点

祕色

Excavated
sites

法门寺唐代地宫遗址全景

轻轻撩起千年秘而不宣的"秘色"面纱

失传千年的秘色瓷器重见天日

瓷秘色碗七口，瓷秘色盘、(碟)子共六枚

相传，在唐代，有一种叫作"秘色瓷"的瓷器，这种瓷器除皇室成员之外，其他任何人无权享用。凡是有幸见到"秘色瓷"的人，无不为它的美仑美奂所倾倒。要烧成这种瓷器，必须使用一种秘密配方。然而，不知从何时起，这个秘密配方和这种神秘的瓷器就一同消失了，几百年来，再也没有人亲眼见过"秘色瓷"。

人们只能在古人零星的诗篇中，想象它的神秘美妙。

传说中的秘色瓷和那个神秘的配方真的存在吗？

唐代诗人陆龟蒙曾写过一首诗，其中一句"九秋风露越窑开，夺得千峰翠色来"，形容的是一种颜色青绿的瓷器这首诗的题目"秘色越器"一语道破了天机。古人诗赋里要把秘色瓷比作苍穹上的青云，说的秘色瓷也是一种颜色青绿的瓷器，文献中又说秘色瓷在越窑，这是不是意味着，秘色瓷就是青瓷呢？那又为什么要给它取个秘色瓷的名字，还有秘密配方一说呢？

在找不到任何实物证据的情况下，人们开始重新解释秘色瓷。一位学者认为，秘色瓷就是越窑青瓷中的精品。"秘色"一词并没有其它特别的含义，只是借文字色彩的形容词，实际就是碧色、青色的意思。

还有的学者认为秘色瓷作为一种青瓷中的精品，专供皇室使用，当然要与一般的青瓷区别开，因此在烧造时，就特意取了个"秘色瓷"的名字，而至于所谓的秘密配方，到根本就是子虚乌有的事。

一时间，各种疑点和猜测层出不穷。秘色瓷就是青瓷？还是用不为人知的神秘秘方烧造出来的特殊瓷器？抑或根本就是一个捕风捉影的传说，在中国陶瓷史上，根本就没出过秘色瓷？层层迷雾缭绕，真相似乎离人们越来越远了……

物帐碑

伍

禅韵悠悠

在学术界此消彼长的争论声中，时光已经流逝了近半个世纪。步入80年代，中国考古学已经建立起一套完整的规范，考察范围触及到古人生活的每一个方面，埋藏在地下的古老文明，用一个又一个奇迹不断改变着人们的视线。曾经由秘色瓷引发的学术界大讨论，在接二连三的各种惊喜中似乎早已被人们遗忘了。然而，陕西法门寺一个矿营惊天的大发现却意外引出了关于秘色瓷的下文。

故事还得从87年的一场地震说起。

连绵不断的阴雨天气已经持续了数月，这在一向干旱少雨的陕西是极少见的，在中国最大的佛教寺院陕西扶风法门寺内，方丈正在安排弟子修真诵经的课程，却在当天的一场地震使寺内的一切摇摇欲坠。

忽然间，院内又传来一声巨响，人们惊忙寻声走至，不由得被眼前的景象惊呆了。在冲天的黄土中，法门寺的标志性建筑，传说中供奉佛祖释迦牟尼真身舍利的宝塔，竟从中轴裂开，其中的一半轰然倒塌了！

宝塔将倾，对于法门寺方丈来说是一场不言而喻的灾难，但对于考古学家而言，则有了一个揭示秘密的机会。史籍中记载法门寺塔下有地宫，里面埋有释迦牟尼的一节指骨舍利和无数珍宝，但一直未被证实。

2月27日，考古人员开始对塔基进行发掘。

在考古发掘的过程中，地宫第二道石门前，交叠横卧着两块石碑，其中的一块记载着印度的阿育王供奉舍利赠送法门寺，中国历朝供养的盛况，另一块石碑上则刻到了唐代皇帝为供奉佛指舍利所进献的各种珍宝的种类和数目，也就是所供物品的账单。

衣物上，罗列着各种金银器、琉璃器、丝织品的名称和数量，许多东西我们至今闻所未闻，考古人员心中充满了无限惊悦。逐字逐句的对照辨认着衣物上的记录，安然之间，石碑上的几个字碰触到考古人员敏感的神经。

考古人员清楚地看到一行字："瓷秘色碗七口，瓷秘色盘、(碟)子共六枚。"物账碑上"瓷秘色"三个字，令在场的人们心头一颤难道在法门寺地宫里，就在这道石门后面，会意外收获早已失传于世的"秘色瓷"！

人们的心被牵到了嗓子眼，发掘工作在难以抑制的兴奋心情中继续。

石碑后面的石门被打开了，考古人员来到密室。一千多年前的阿育王塔绿旧色彩今日，它用整块汉白玉制成，四面雕刻着菩萨像，四周地上堆积着丝织品，历经千载，大部分已经硬化。

第三道石门也被打开了。中室的情况更加不容乐观。

一个巨大的汉白玉灵帐立在中间，被塌下来的房梁卡住，根本无法移动。

只能先从周边的器物开始清理，工作人员心中忐忑，不知道狭塔下来的碎石碎块会不会砸坏掩埋在地上的珍贵器物，即使在文物中有秘色瓷，要在潮湿的地下历经千年，又在强烈的地震后完好无损，似乎也不太可能，人们只能继续清理。

然而，除了这尊菩萨和汉白玉灵帐外，就只剩下碎石和瓦砾碎块了。工作人员清理了很久，也未发现有其它器物露头，人们不禁心头一紧：在不久前的地震中，是否有许多文物已经遭遇不测？不祥的阴云笼罩在考古发掘的现场，大部分位置都已清理干净，只剩下汉白玉灵帐后方的一个小角落了。

拨开潮湿的泥土和破碎的砖瓦块，隐隐约约的佛有什么东西在下面，沿着边继续清理，渐渐的，一个银质的风炉呈现在人们眼前。考古人员小心的搬动风炉，想要把它完整的取出来，然而，就在挪开风炉的一刹那，奇迹出现了，一个用丝绸包裹着的木质盘子，因为经年累月，木盘和丝绸已经朽烂，在它的左下方，露出了一盘细腻精致的浅青绿色瓷器。

"瓷秘色碗七口、瓷秘色盘、叠(碟)子共六枚。"清点眼前这些瓷碗瓷盘的数量，不多也不少，正好13件！

圆口、花瓣形口的瓷碗，瓷盘一件件呈现在人们眼前，湖水般的瓷釉，玲珑剔透，如冰似玉，尘封千年仍宛如崭新，这套神秘的秘色瓷重见天日了！

半个世纪以来，秘色瓷一直是一个争议百出的话题，人们即想一睹这种瓷器的奇妙，也想考证那个古老的传说，然而，却始终没有结果，因为除了传说和古人虚幻的赞叹之外，从没出现过一件佛祖无懈的实物证据。

法门寺地宫出土的秘色瓷，文字记载与实物严格对应，是古人烧制特供秘器的铁证！秘色瓷不再只是一个神秘的传说，而是真实存在的！唐代帝王曾经把它当作一种最高级别的礼品，深埋在不为人知的地下，用这样的方式，表达自己的虔敬。

这就是当年盖在秘色瓷包裹上的那块风炉，或许正是因为有了它的保护，这些珍贵而脆弱的秘色瓷，才得以在地震中幸免于难，在千年之后的期以最初的面貌呈现在世人面前。

历经数月的法门寺地宫考古发掘结束了，无数珍宝一一呈现，其华美瑰丽令人惊叹。如今，这些珍宝连同秘色瓷器在内，那一并陈列在陕西扶风法门寺博物馆内，伴随着佛祖释迦牟尼的真身舍利，向人们讲述着一千多年前，在那个遥远而辉煌的王朝里，深藏着的一个又一个传奇……

秘色

九秋风露越窑开，夺得千峰翠色来。

好向中宵盛沆瀣，共嵇中散斗遗杯。

五瓣葵口秘色瓷碟

银棱漆平脱秘色瓷碗

华严宗\陕西长安县的华严寺和陕西户县的草堂寺

律宗\江苏扬州的大明寺，唐朝鉴真和尚曾在此寺

西安的大兴善寺和青龙寺

见……建筑是参照唐代建筑风格设……密宗\陕西

净土宗\山西交城西北石壁谷中的玄中寺

四庐山的东林寺禅宗\禅宗派系众

多，祖庭多达十几处，居各派之首。如河南

……山谷寺、湖北黄梅的四组寺、浙江

宁波的天童寺、江苏南京的清凉寺、江苏苏州

……韶关的南华禅寺等等。

柒　肆　伍　壹　叁

119

伍　禅韵悠悠

塔尔寺三绝\壁画、酥油花、堆绣

千年秘而不宣的「秘色」瓷秘

李唐皇室的佛缘\唐太宗第一次诏启佛骨

无名氏与圣严法师的对话\你了解然兴起的「禅修热」吗

八合迎宾·小寺易钟终绕炊烟，老僧天远煮禅茶·终南禅茶之由来

时尚潮·禅意风·法界资讯

轻轻撩起

佛教的财富观

捌

贰 陆

八宗祖庭是指中国佛教八个主要宗派的创始者各自开创或住过的

天台宗\浙江省天台山国清寺

三论宗\陕西省户县草堂寺，江苏省南京市郊栖霞山栖霞寺

法相唯识宗\陕西西安的慈恩寺，即大雁塔和陕西长安县的

一个城市的崛起需要公而忘私的大奉献

一座法门圣城更是如此……

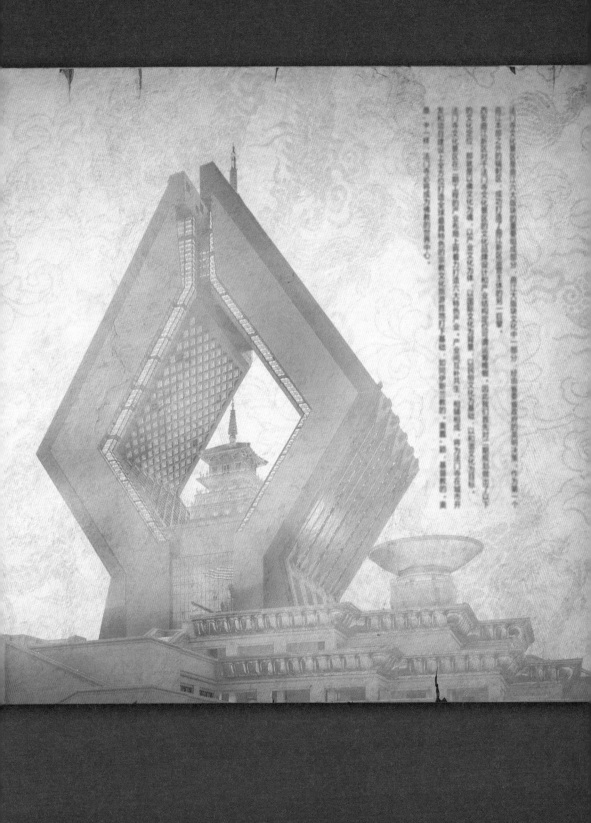

16:10time

Disassembly
of Design Elements

设计元素的拆解2

三要素

出土时间、出土物品、出土地点。焦黄的土地表达出历史的沧桑感，
抢眼的黄色图形凸显出土时间、地点，出土文物的名称。

1987

出土地点

祕色

设计元素

一二三四五六七，八宗祖庭，书法体的八赋予两重含义：一为八宗，二为八合迎宾，并融合八合迎宾八道菜的内容。

八宗祖庭是指中

派的创始者

各自开创或住

天台宗／浙江

三论宗／陕

栖霞山，

法相

此寺。现在寺内建筑是参照唐代建筑风格设计

律宗／江苏扬州的大明寺，唐朝鉴真和尚曾在

的密宗／陕西西安的大兴善寺和青龙寺

西安区的华严寺和陕西鄠邑区的

西安的慈恩寺，即大雁塔和

净土宗／山西交城西北石壁谷中的玄中寺，陕

西长安区的香积寺、江西庐山的东林寺禅宗

祖庭多达十几处、居各派之

林寺，安徽潜山的山谷寺，

浙江宁波的天童寺、江苏

州的虎丘山等。广东部

南京的清凉

关的南华禅寺

163

运梁车

YL900型运梁车适用于时速350km/h、250km/h的客运专线32m、24m、20m混凝土箱梁的转场运输工作，实现从预制混凝土梁场到架梁工地的运输。

YL900 运梁车
Girder Transporting Vehicle

JL900 架桥机
Bridge-Eerecting machine

架桥机

JL900架桥机是满足高速铁路专线中大吨位预应力混凝土箱梁的施工特点要求而设计制造的，采用前导梁式机型，实现铁路桥梁梁体架设的一种专用设备。

高铁专用设备

新的增长点，广阔的发展空间

进入新世纪，国家加大铁路建设投资，高速铁路项目纷纷上马，铁路建设迎来了发展的新高潮。2008年，西筑在中交股份的关怀支持下，开始进军铁路施工设备研发制作领域，先后研发制作出铁路专用的提梁设备、运梁设备、架桥设备和适用于高速铁路建设和城市高层建筑的水泥搅拌设备。高铁设备的成功推出，不仅成为企业新的增长点，也为西筑腾飞打开了更为广阔的空间。

提梁机

TL900轮胎式提梁机是用于预制梁厂生产区至存梁区、存梁区至提梁上桥区之间预应力混合土箱梁的转运及装车的专用设备。可运送高速铁路客运专线32m、24m、20m混凝土箱梁。

TL900 提梁机
Wheel type Pneumatic
gantry Crane

16:20time

Analysis of
Design Elements

设计元素分析1

工业画册多以图片为主，看似很简单，实际设计起来比较棘手。因为可用的设计元素比较少。

我们抓住了几个点来表现：首先，最吸引人的地方，除了图片就是页眉页脚。

页眉我们用了丝绸元素，这是展现地域风格的一种设计表达方式。重工业企业和石油企业，一般都喜欢红色，而且这又是五十年大庆的画册，一定要有喜庆的元素，但又不能太过张扬。我们通过丝绸在空中舞动的韵律和文字相结合，展现具有设计感的元素。我们通过图片本身的色彩营造视觉冲击力，让简单的画面变得丰富多彩。当然，摄影师的付出是功不可没的，后期PhotoShop的调整功能也是必需的。

16:30time

Analysis of
Design Elements

设计元素分析2

用归纳整齐的方法对画面进行调整

鲜艳的颜色和重型机械之间体量的冲击，水泥与鲜艳颜色的冲击，形成视觉上的碰撞。

我们在设计的时候，遇到纯图片的版面，通常要考虑版式的问题，因为它变无可变，怎么办？

左边上下结构，右边对调为下上结构，就形成了一个通页，再通过色块来区分画面关系，让人们感觉不到雷同。

对图片特征进行设计，利用图片的空间感

我们先分析图片的特点：大，宏伟，有气势。我们通过对画面的处理、抠图，让空间无限延伸，充分体现出大型机械的壮观、宏伟和企业所具备的实力。但如果整个画面全部以这种方式来呈现，会显

得空旷，且画面全为橘黄色，显得单调。我们在配图中使用一幅淡蓝色的图片来调和，画面看起来就舒服了很多。

16:45time

Examples of Design
of Albums With Text as the Main Content

设计范例/以文字为主的画册1

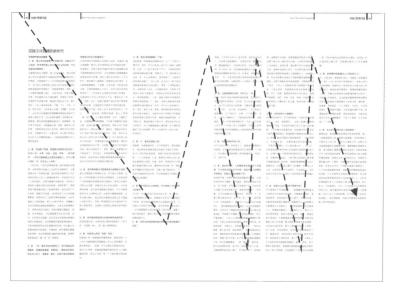

红色虚线为阅读顺序，也是我们在设计中所遵循的文字排列顺序。

有大量文字的画册，如员工手册、企业守则类画册的文字都是循序排列的，视觉上要容易识别。读者阅读本书应从页眉开始，先利用页眉翻查、锁定页面，再进行阅读。

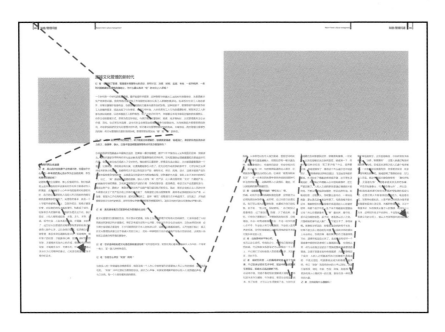

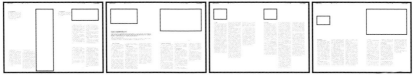

一本以大量文字为主，只包括极少量图片的书，在设计中需要先设想怎样的阅读顺序能够让读者轻松理解内容。为了加强图文之间的联系，可以将图片的位置直接放在对照文字所在的栏顶端。这样在阅读时不会在图片与文字之间产生阻碍。

16:50time

Examples of Design
of Albums With Text as the Main Content

设计范例/以文字为主的画册2

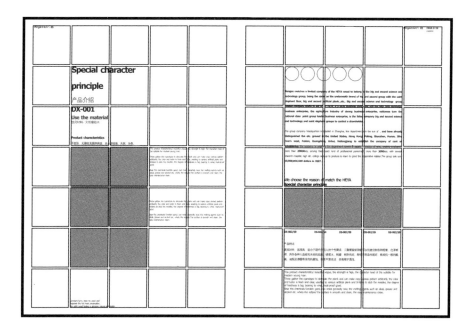

现代派网格除了辅助文字与图片的编辑，同样也可以在一致的架构下呈现不同的独特性。由于受到一定规则的影响，文字与图片可以整齐地排列。文字和图片都与网格紧密相连。在网格的统一之下，整个页面甚至一本书中各个元素之间的间隔都是相对固定的。虽然网格体系限制了空间，却可以通过不同的组合实现多种排列手法。

在运用对齐功能的同时，设计者还可以在页面上安排图片的次序，并且在网格的整体规范之下确定各种设计元素的形状与大小。

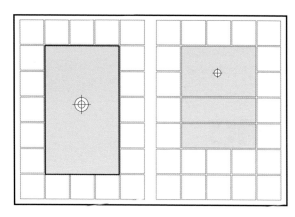

这三个范例在同样的网格体系下使用
不同的版面编辑方法。

1.使用三种不同大小的方形图框，形
成左右面积不相等的形式。

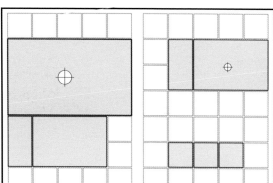
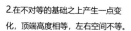

2.在不对等的基础之上产生一点变
化，顶端高度相等，左右空间不等。

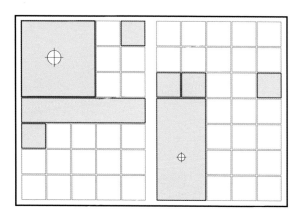

3.使用四种形状不同的方形图框，按照
体积把视觉焦点确定在左上方。
以圆形焦点的大小区分重心的等级。

173

CHART
17:00 time

数据化图表的表现种类

统计资料如果列成表单，要看明白是很费劲的。如果用图表与示意图将其图像化，就大大方便了读者阅读。人们很容易通过图表了解数据模式、顺序及各部分所占比例。

要通过图表表示数据、数据范围、百分比及其他特殊资料，有很多常用手法。传达数据内容的图解形式通常包含三个元素：数据、格线和解说。读者最需要获知的是其中的数据，所以，任何违背这一主旨的多余设计都应该摒弃。

Disassembly Method
of Pie Diagram Information
饼状图信息拆解方式

呈现整体之中所占的百分比

饼状图通过分割整体面积的方式传达信息。一个完整的圆形，360°代表100%，180°代表50%，90°代表25%。

连续的几幅饼状图，可以表现各项数据的消长情况，也可以表示时间的进行。

饼状图以切块形式表现数据，相比其他几种统计图示，比较难理解，我们可以通过分区上色的方法来改善这个问题。

17:05time

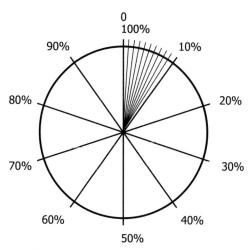

一幅简化的饼状图将完整的圆以百分比划分。一个完整的圆可分
为360°，于是1%等于3.6°；以此类推，10%就等于36°。

17:15time

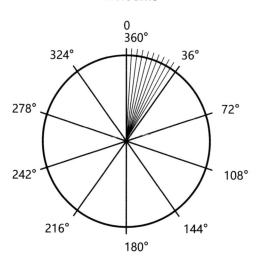

17:20time

Employees

Within the Asia Pacific division there are approximately 500 employees base in the following regions.

人员构成

在亚太地区有近500名员工在如下地区为公司服务。

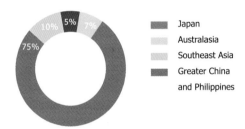

- ■ Japan
- ■ Australasia
- ▦ Southeast Asia
- ■ Greater China and Philippines

Sales by brand

Sales from Asia Pacific division in 2009/5 was $72 million

亚太地区2009年5月销售额为7200万美元

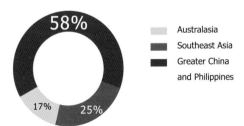

- ▦ Australasia
- ■ Southeast Asia
- ■ Greater China and Philippines

17:25time

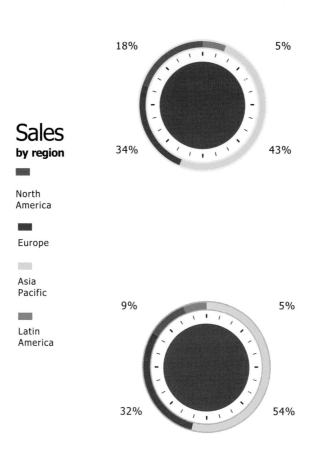

Sales
by region

- North America
- Europe
- Asia Pacific
- Latin America

17:30time

Disassembly Method
of Histogram Information

柱状图信息拆解方式

用于对比数据

柱状图用来对多项同类资料进行对比。通过一组柱状线段代表各项数据资料，显示其间的差异变化。柱状线段可以按垂直方向排列，也可以按水平方向排列，其中一条轴线显示度量比例，另一条轴线显示项目类别。

绘制柱状图一般不需要加图框，有时甚至可以省略水平格线。

所有的柱状图都建立在格线架构上，一般以垂直轴线由下而上作为数量区间，项目类别则列在水平轴线上。格线的进量幅度大小取决于数据的总体变动范围。

垂直轴线上的进量幅度要足够大，才能显示出各数据之间的差值。如果需要对比的数值落差范围比较大，就需要降低对比幅度。

图表两侧的说明文字不宜太过明显，字体大小不能超过数据，单位值必须精确对应垂直轴线上的数据进量和水平轴线上的项目类别。

我们可以通过调整格线、数据长条和说明文字的明暗对比，必要时也可以去掉格线、垂直轴线和水平轴线，使整幅柱状图看起来更明晰。

17:35time

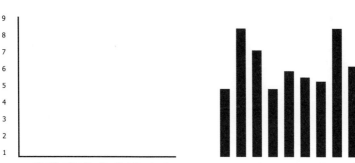

垂直轴线上的对比幅度要够大，才能显示出各数据之间的差值。如果需要比对的数据落差范围过大，譬如5到500，可能必须降低对比幅度。

10:40time

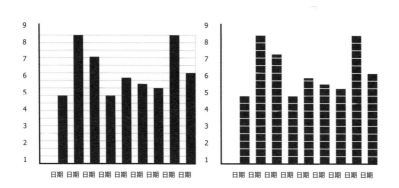

格线、垂直轴线与水平轴线，使整幅柱状图显得更加清晰。

17:50time

Sales Growth

3 years
连续3年内销量提升百分比

2009/05	$72m
2008/05	$61m
2007/05	$49m

2009/01	$95,030,000
2009/02	$83,100,000
2009/03	$59,000,000
2009/04	$79,500,000
2009/05	$82,000,000

At constant exchange rates

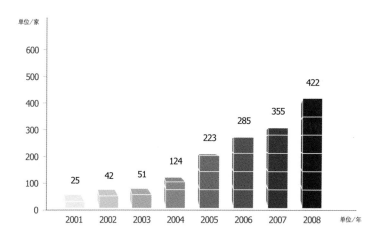

17:55time

Plan

We would rigorously analyze and monitor the technical, logistical, legal, environmental and financial aspects of our clients' projects.

计划

针对客户项目，我们会对技术、后勤、法律、环境和财务方面进行严格的分析与监督。

Revenue
$

Normalized profit before taxation[2]
$

Headcount[3]
$

Dividend[4]
$

Net funds
$

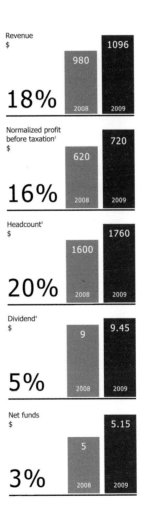

Revenue
$

18%   980 (2008)   1096 (2009)

Normalized profit before taxation[2]
$

16%   620 (2008)   720 (2009)

Headcount[3]
$

20%   1600 (2008)   1760 (2009)

Dividend[4]
$

5%   9 (2008)   9.45 (2009)

Net funds
$

3%   5 (2008)   5.15 (2009)

181

18:10time

Disassembly Method
of Graph Information

曲线图信息拆解方式

曲线图：显示数值的历史变化

曲线图用来显示数值在演变过程中的变化。曲线可以水平方向发展，也可以垂直方向发展，一般以水平方向发展为主。理论上曲线可以无限延伸下去。

曲线图优于柱状图和饼状图的地方：曲线图可以同时展现过去与现在的数据演进变化，而统计者据此可以推断未来的数值走向。

许多绘图仪器都以曲线图的方式显示数据，并能够当场输出，比如心电仪、地震仪等。

同一组曲线可以显示多项资料，让统计者很容易对比出各项目随时间推移而产生的变化。

曲线图可以通过曲线的形状、粗细、颜色等来表达重心所在。比如蓝色代表科技，红色代表股票。

18:15time

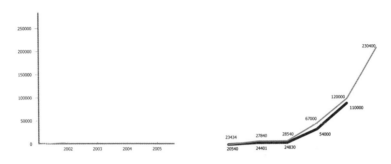

以曲线图呈现单一资料项目的过程非常简单，但是同一组曲线可以
用来显示多笔资料，从中对比各项目随着时间推移而产生的变化。

18:20time

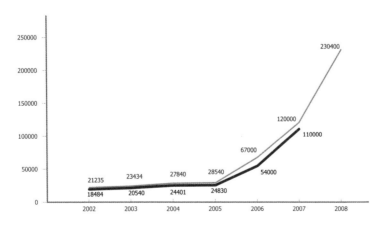

18:35time

Anti-reflection coating on Ge

Wavelength range: 8-12 microns
Optical performance: T ≥ 98 % average through both surfaces

After:

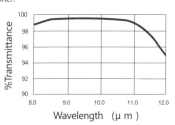

Anti-reflection coating on CVDZnS

Wavelength range: 8-12 microns
Optical performance: T ≥ 96 % average through both surfaces

After:

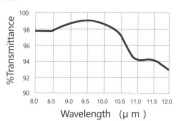

Before :

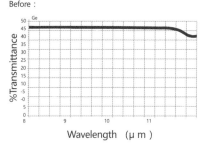

Before :

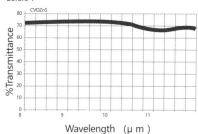

18:40time

DLC coating on germanium substrate.

Wavelength range: 8–12 microns
Optical performance: T $\geqslant$ 89 % average through both surfaces

Before

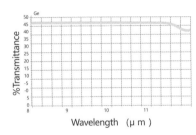

After

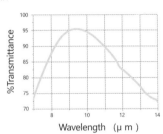

18:45time

Transmission

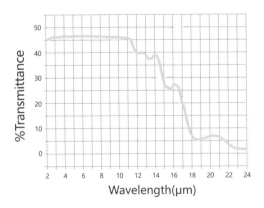

19:10time

Disassembly Method of
Form Information
表格信息拆解方式

表格可通过文字、图形等多种形态来呈现数据资料。

表格式架构，可以让读者对所有信息一目了然。垂直轴线和水平轴线上的说明文字，可以让读者很容易找到各项数据的位置所在。

表格包含两大元素：数据和分割线。分割线的存在，是为了衬托数据，增强易读性。我们在设计表格时，要注意阅读的方便性，做到一目了然。表格的出现方便了划分文字区域。

如果表格中线条很多，可以通过颜色、色块来区分。例如用深蓝色表现数据，用橘黄色表示警示的数据范围等。

假如把两个元素设定成同样比重，往往会影响清晰度。线条很多的表格，可以通过很浅的底色凸显线条，如范例中使用两种不同粗细的字体。这种区分层次的方法，适用于编排时刻表或比对商业资料。

19:15time

01

Material Specifications

1	> 99.9999%
2	Monocrystalline & Polycrystalline
3	N-type
4	<111>
5	5-40 Ohm-cm

(EMI grade of Ge, with a lower resistivity can be also provided according to your request)

02

Material Specifications

1	Purity
2	Crystal Structure
3	Conductive Type
4	Orientation
5	Typical Resistivity

19:20time

01

Material Specifications

1	> 99.9999%
2	Monocrystalline & Polycrystalline
3	N-type
4	<111>
5	5-40 Ohm-cm

(EMI grade of Ge, with a lower resistivity can be also provided according to your request)

02

Material Specifications

1	Purity
2	Crystal Structure
3	Conductive Type
4	Orientation
5	Typical Resistivity

19:25time

Comprehensive Management Department		
Zhu	**Manager**	**Engineer**
Yao		Senior Engineer
Cui		Assistant Officer of Economics Administration
Xi Bo		Network Engineer
Xu		Assistant Officer of Economics Administration
Mi		
Zhou		

Capital and Finance Department		
Zhang	**Manager**	**Accountant**
Wang		Accountant
Li		Engineer
Guo		Accountant

Business Development Department		
Yang	**Manager**	**Senior Economic Administrator**
Guo		Engineer
Li Jia		Engineer
Zhao		Engineer
Yang		Engineer
Liu		Assistant Engineer

Investment Promotion Department		
Zhang	**Manager**	**Engineer**
Zhao		Engineer
Jia		Engineer
Song		Engineer
Yang		Engineer
Zhang		Engineer
Du		Assistant Engineer

Property Management Department		
He	**Manager**	**Engineer**
Zhang		Engineer
Ouyang		Assistant Economic Administrator
Chen		
Su		
Zhou		
Yang		
Guo		
Yang		

19:35time

Products

Material Specifications

Purity	> 99.9999%
Crystal Structure	Monocrystalline & Polycrystalline
Conductive Type	N-type
Orientation	<111>
Typical Resistivity	5-40 Ohm-cm

(EMI grade of Ge, with a lower resistivity can be
also provided according to your request)

Products Specifications

Diameter	Φ5-Φ300 mm(mono)/380mm(poly)
Flatness	20 m
Perpendicularity	<5'
Bevel	0.2 ~ 1mm
Edge Chips	0.5mm
ETV	0.05mm
Tolerance	Diameter: +/-0.025mm Length & Width: +/-0.05 ~ +/-0.1mm Thickness: +/-0.025mm
Surface Quality:	Plano blanks: as cut Generated lenses: D25 ~ D76 Polished windows: to customer

Optical Properties

Refractive Index

As a function of wavelength at room temperature(20°C)

Wavelength (m)	n
3.5	4.0302
4	4.0226
5	4.0141
6	4.0094
7	4.0069
8	4.0047
9	4.0034
10	4.0028
10.6	4.0027

19:40time

PARADIGM

范式图

范式图可以显示各元素群组之间的关系。
圆圈一向被用来展现群组，椭圆形或其他几何图形也经常见到。

单个圆圈代表一组单向的信息群组，交集区域则包含两个群组的共同元素。理论上，范式图可以显示无限多以圆圈表示的群组，但由于篇幅有限，同时必须让人清楚识别交集的部位，所以还是有必要限制群组的数量。

范式图将同类元素或概念集合在一起，依不同定义区分出不同的群组圆圈。以下图为例，第一个圆圈简单地定义"圆"；第二幅图定义"三角"；第三幅图表示前两组元素形成的交集。前两项定义经过交集，产生新的定义"小"。

第一个圆圈简单地定义"信仰/技术/价值"；第二幅图定义"环保/动力/信仰"；第三幅图表示前两组元素形成的交集。前两项定义的交集，产生新的定义——信仰。

19:45time

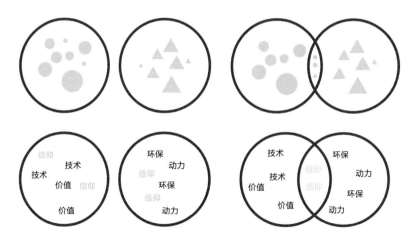

19:50time

Mapping
diagram

映射图

与范式图一样，映射图用来呈现词语或数值之间的关系。映射图是运用线段来显示数据之间的关系；通过运算手段，将资讯归纳成群组。
映射图用粗字体标出对应因数，可更清楚地看出其中的关系。这种图标可以用来显示数字与数字或词语之间的对应关系。

19:55time

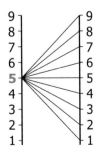
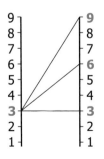
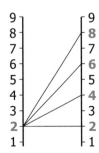

20:10time

Dendrogram

树状图

树状图用来呈现某些物件、概念或人物之间的相互关联性或彼此的从属关系。公司职位关系表正是最佳案例。

树状图看起来就像倒长的树，分枝不断从代表系源头的各个节点往下发展。树状图可用来展示各种理论、比赛回合等演化关系。

这种图解旨在铺陈不断扩增的资讯；每增加一级，图解的复杂度也随之增加。根据页面的宽度与高度，类增的（additive）资讯从页面最上端开始呈现各成分如何逐渐组合为整体。这种图解可以用作解析工具，让读者了解某项信息内容的组成元素。

10:45time

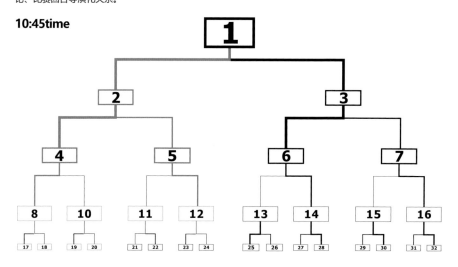

由上而下逐层细分的倒立树状图，可用来区分一组资讯的组合成分，依照结果，分门别类标示其职务名称和隶属关系。

20:20time

Transit Diagram

线路图

线路图并非地图，因为线路图主要呈现的是节点与节点之间的关系，而不是地理上的实际位置。

这种图经常会用不同颜色代表不同线路，让读者可以在错综复杂的线条之间辨识各路线的不同路径。电路、管线的配置与地铁、火车的营运网都是用这种方法呈现的。

10:45time

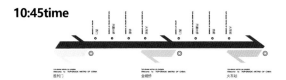

7

Sunday / 33 ~ 35°C /Cloudy/Partly Cloudy

The Seventh Day

Designers said: "We have shared our knowledge of grids, design element basics and case studies." Thus on the seventh day, let us realize our design through craftsmanship and present our works to the world.

Regardless of how wonderful the design may be, its value remains dormant until it is presented to clients. It is only at this moment that the designers' efforts become worthwhile. Today, we will delve into the final course that covers topics such as binding & layout, printing, trimming, and paper selection. Despite this knowledge appearing seemingly trivial, mastering it is essential. Let us approach this last course with diligence and patience.

2011年6月26日
星期天 多云转阴天

设计师说:"网格、设计元素基础、案例都进行了分享!"第七天，我们通过工艺去实现我们的设计，让它展现在世人面前。

我们的设计已经完成了，非常完美，现在我们要将它装订成册，批量生产，让更多的人看到它。这种装帧印刷的收尾性工作与设计师无关? 错! 这是你完成设计的最后一步。选错了纸张，你的设计效果可能就无法完整地表达出来；不同的产品选择的印刷方式也有所不同；你还要根据产品的厚度和材质选择裁切方式；根据内容的风格选择装帧方式，总不能把一本机械工厂的宣传画册做成古典线装本吧。

再好的设计如果最后不能呈现在人们眼前，设计师的一切努力就都等于白费。所以，这些看起来不起眼的知识都是你必须掌握的。耐心看完最后一天的内容吧。

Printing Procedure
(Printing Technological Process)

9:00 time

印刷步骤

印刷步骤（印刷工艺流程）主要包括印前检查、制版、晒版、拼版、出菲林打小样、印刷、模切、折页等。

印前检查

印前检查主要是在制版前对已经设计制作完稿的电子文件进行全面检查，以确保该电子文件能够正确地输出图文。印前检查主要包括以下几项内容。

文件格式与链接文件检查

所有图像和印刷文件应保存为符合输出要求的文件格式。关键文件或页面，应特别说明注意事项，确保与输出中心交接文件无误。

页面设置与字符字体检查

页面设置检查包括检查页面文件的整体尺寸、成品尺寸、出血位、版式、印刷标记等。

字符字体检查要确保字符在转换路径后不会出现丢失或乱码情况。如果用到一些特殊的字体，标明所用字符的名称，并将字体文件复制到输出文件夹作为备份。

打印样张检查与颜色校对

打印的彩色样张，其颜色与计算机屏幕显示的颜色可能会有偏差，这是打印机使用的墨水或墨粉的颜色偏差造成的。为了防止数码打样或胶印打样出现类似的问题，对于扫描图片或数码设备拍摄的图片，应拿到输出中心请有经验的技术人员协助调整颜色，并在输出前替换，以确保颜色得到真实还原。

图像质量与分辨率检查

图像文件必须采用CMYK模式，对图像进行移动或缩放后，一定要重新置入。如果发现打印样张出现位移或质量缺陷，应及时检查原图，并重新置入链接或收集输出。

在图像尺寸相同的情况下，高分辨率的图像比低分辨率的图像包含的像素更多，当然显现的色彩更饱和，图像更清晰，印刷色彩还原效果更好。从理论上来讲，图像的分辨率只要达到其印刷控网线数的1.5倍，就能保证图像的印刷质量。如果图像只用于屏幕上显示或者网页浏览，则分辨率为72dpi足矣；若用于高清晰度的输出设备，则至少需要150～300dpi的分辨率；若要进行四色印刷，则需要300dpi的高分辨率。

印刷工艺与专色胶片检查

普通印刷工艺需要的文件不会太复杂。比如，模切压痕只需要标示准确尺寸的路线图，专色的凹凸需要专色版（可以做成黑色版），而立体烫印和浮雕则比较复杂，除了提供四色版，最好提供真实原图或实物，在激光雕刻制作模板时更加准确。

出菲林/打样

打样一般分数码打样和印刷打样，其中数码打样只能看到大概效果，与真正印刷效果会存在偏差。画册文件制作完成后，应该做出血位，以向外扩大3mm为宜，这样不会出现白边现象。网线一般为175～200线，应标明所选用的装订方式。另外，如需凹凸、烫金工艺，应分别出凹凸、烫金的菲林。

制版

制版就是制作印版、底版。制版又分为木刻版、石版、活字版、网版、电镀版、照相版、塑料版、橡胶版、光聚版、电子制版、彩色激光照排系统等。

晒版

晒版即曝光，是将载有图文的胶片、硫酸纸和其他有较高透明度的载体上的图文，通过曝光将图文影印到涂有感光物的网版、PS版、树脂版等材料上。晒版的过程包括：在网版、PS版、树脂版表面涂上一层感光膜后烘干，将有图像的胶片覆盖在上面，通过强光照射胶片，胶片上的图像被曝光后影印到感光膜上。

拼版

拼版又称"装版""组版"，是手工排版中的第二道工序，指按照一定的格式和要求把原稿拼成一块块完整的版面。

197

10:20time

Printing
印刷

将文字、图画、照片等原稿经制版、施墨、加压等工序，将油墨转移到纸张、织品、皮革等材料表面上，批量复制原稿内容的技术，称为印刷。
按印刷方式主要分为平版印刷、凸版印刷、凹版印刷、丝网印刷四种。

平版印刷

平版印刷是以平面的印版施印的一种印刷方法，是目前世界上应用最广泛的印刷工艺，也是制造半导体和MEMS设备的方法。平版印刷是基于油水互斥原理的手动工艺。

由于平版印刷印版上的图文部分与非图文部分几乎处于同一个平面上，在印刷时，为了能使油墨区分印版的图文部分和非图文部分，首先由印版部件的供水装置向印版的非图文部分供水，从而保护了印版的非图文部分不受油墨的浸湿。然后，由印刷部件的供墨装置向印版供墨，由于印版的非图文部分受到水的保护，因此，油墨只能供到印版的图文部分。最后是将印版上的油墨转移到橡皮布上，再利用橡皮滚筒与压印滚筒之间的压力，将橡皮布上的油墨转移到承印物上，完成一次印刷。所以，平版印刷是一种间接的印刷方式。

凸版印刷

凸版印刷是用凸版施印的一种印刷方法，简称凸印。凸版印刷的原理比较简单。在凸版印刷中，印刷机的给墨装置先使油墨分配均匀，然后通过墨辊将油墨转移到印版上，由于凸版上的图文部分远高于印版上的非图文部分，因此，墨辊上的油墨只能转移到印版的图文部分，而非图文部分则没有油墨。印刷机的给纸机构将纸输送到印刷机的印刷部件，在印版装置和压印装置的共同作用下，印版图文部分的油墨则转移到承印物上，从而完成一件印刷品的印刷。

凡是印刷品的纸背有轻微印痕凸起，线条或网点边缘部分整齐，并且印墨在中心部分显得浅淡的，则是凸版印刷品。凸起的印纹边缘受压较重，因而有轻微的印痕凸起。

凹版印刷

凹版印刷简称凹印，是一种直接的印刷方法，它将凹版凹坑中所含的油墨直接压印到承印物上，所印画面的浓淡层次是由凹坑的大小及深浅决定的。如果凹坑较深，则含的油墨较多，压印后承印物上留下的墨层就较厚；相反，如果凹坑较浅，则含的油墨量就较少，压印后承印物上留下的墨层就较薄。

凹版印刷的印版是由一个个与原稿图文相对应的凹坑与印版的表面所组成的。印刷时，油墨被充填到凹坑内，印版表面的油墨用刮墨刀刮掉，印版与承印物受一定的压力接触，将凹坑内的油墨转移到承印物上，完成印刷。

丝网印刷

丝网印刷是孔版印刷（包括誊写版、镂孔花版、喷花和丝网印刷等）中应用最广泛的一种，它与平印、凸印、凹印一起被称为四大印刷方法。

丝网印刷是将丝织物、合成纤维织物或金属丝网绷在网框上，采用手工刻漆膜或光化学制版的方法制作丝网印版。现代丝网印刷技术，则是利用感光材料通过照相制版的方法制作丝网印版（丝网印版上图文部分的丝网孔为通孔，而非图文部分的丝网孔被堵住）。

印刷时通过刮板的挤压，使油墨通过图文部分的网孔转移到承印物上，形成与原稿一样的图文。丝网印刷设备简单、操作方便，印刷、制版简易且成本低廉，适应性强。丝网印刷应用范围广泛，常见的印刷品有：彩色油画、招贴画、名片、装帧封面、商品标牌以及印染纺织品等。

14:20time

Bookbinding Style
装订方式

装订是书刊印刷的最后一道工序，书刊在印刷完毕后，仍是半成品，只有将这些半成品用各种不同的方法连接起来，再采用不同的装帧方式，将书刊加工成便于阅读和保存的印刷品，才能成为书籍、画册等，供读者阅读。

我国书籍装订形式的演变
我国书籍的装订形式，自古至今经历了以下多种形式。

简和策
简和策是我国最早的读物。

把文字写在狭长的木片上，称为木简；写在竹片上，称为竹简，也统称为简。把文字写在较宽的竹茎、木板上，称为牍。

将简或牍用丝、草或藤编排串联起来，就成为一篇文章，称为策。策的含义与现今的"册"相似。策便成为我国最早的书籍装订形式。

经折装
卷轴装帧的文章，在阅读和加工、保存时不太方便，便产生了折本形式。

经折装就是将一张长幅的书页按一定的规格，向左右反复折叠成一个长方形的册子，再在其前后两面裱上硬纸板作为封面和封底，阅读时只要把它拉开，就成为一本书的形式。这种装帧最初用于佛教经典，故叫经折装。

蝴蝶装
将印有图文的面纸页对折，再把折缝粘连在预制好的订口条上，形成一本书，这是散页装订的最初形式，称为蝴蝶装。

蝴蝶装是印刷史上第一次把散页的折缝集中在一边，形成订口而成册。由于蝴蝶装在锁线时，线是串在拼贴条上的，所以在书页的折缝中间没有线缝，并且在翻阅时可以摊得很平，便于阅读。

现在重要的地图集、精美的画册等，仍有采用这种装订方式的。蝴蝶装的书页，适合单面印刷，图文向里对折。现在地图集中采用正面印双页图，背面印说明文字或用色较少的单面图，用蝴蝶装，使正面双页图平整展开。

线装本
将单面印好的书页白面向里、图文朝外地对折，经配页排好书码后，朝折缝边撞齐，使书边标记整齐，并切齐打洞，用纸捻串牢，再用线按不同的方式穿起来，最后在封面上贴以签条，印好书名，成为线装书。

现今常用的书籍装订方法

常用的书籍装订方法有以下6种方式。

骑马订

书页仅靠两个铁丝钉联结，因铁丝易生锈，所以牢固度较差。适合订6个印张以下的书刊。

平订

平订要占用一定宽度的订口，书页只能呈"不完全打开"状态，书册太厚则不容易翻阅，一般适用于400页以下的书刊。又因铁丝易锈蚀，易导致书页松散，现已很少用。

锁线订

又叫串线订，书芯虽然比较牢固，但由于书背上订线较多，导致平整度较差。

无线胶黏订

也叫胶背订、胶黏装订，平整度很好，目前大量书刊都采用这种装订方式。但由于热熔胶质量没有相应的行业标准或国家标准，使用方法也不规范，所以胶黏订书籍的质量不能得到很好的保障。

锁线胶背订

又叫锁线胶黏订。装订时将各个书帖先锁线再上胶，上胶时不再铣背。采用这种装订方式装订出的书刊结实平整，目前这种装订方式使用比较多。

塑料线烫订

这是一种比较先进的装订方法，其特点是书芯中的书帖经过两次黏结。第一次黏结的作用是将塑料线订脚与书帖纸张黏合，固定书帖中的书页；第二次黏结是通过无线胶黏订将塑料线烫订的书芯黏结成书芯。采用这种方式装订成的书芯非常牢固，并且由于不用铣背打毛，减少了胶质不良对装订质量的影响。

塑料线烫订早在20世纪70年代中期就由德国(前东德)引入我国，由于种种原因未能推广应用，但在其他国家和地区，这种装订技术应用较多。

图书在版编目（CIP）数据

设计师的设计日记 / 南征编著 . -- 2 版 . -- 北京 : 电子工业出版社 , 2024.3
ISBN 978-7-121-47074-5

Ⅰ . ①设… Ⅱ . ①南… Ⅲ . ①版式－设计 Ⅳ . ① TS881

中国国家版本馆 CIP 数据核字 (2024) 第 022825 号

责任编辑：陈晓婕
印　　刷：北京瑞禾彩色印刷有限公司
装　　订：北京瑞禾彩色印刷有限公司
出版发行：电子工业出版社
　　　　　北京市海淀区万寿路 173 信箱　邮编：100036
开　　本：720×1000　1/16　印张：12.75　字数：381.6 千字　彩插：4
版　　次：2012 年 5 月第 1 版
　　　　　2024 年 3 月第 2 版
印　　次：2024 年 3 月第 1 次印刷
定　　价：89.90 元

凡所购买电子工业出版社图书有缺损问题，请向购买书店调换。若书店售缺，请与本社发行部联系，联系及邮购电话：（010）88254888，88258888。
质量投诉请发邮件至 zlts@phei.com.cn，盗版侵权举报请发邮件至 dbqq@phei.com.cn。
本书咨询联系方式：（010）88254161 ～ 88254167 转 1897。

读 者 服 务

读者在阅读本书的过程中如果遇到问题，可以关注 "有艺"公众号，通过公众号中的"读者反馈"功能与我们取得联系。此外，通过关注"有艺"公众号，您还可以获取艺术教程、艺术素材、新书资讯、书单推荐、优惠活动等相关信息。

扫一扫关注"有艺"

投稿、团购合作：请发邮件至art@phei.com.cn。